深度学习系列

DEEP LEARNING SERIES

TensorFlow
深度学习项目实战

[美] 卢卡·马萨罗（Luca Massaron）[美] 阿尔贝托·博斯凯蒂（Alberto Boschetti）

[美] 阿列克谢·格里高瑞夫（Alexey Grigorev）[印] 阿布舍克·塔库尔（Abhishek Thakur）　著

[新加] 拉贾林加帕·尚穆加马尼（Rajalingappaa Shanmugamani）

魏博 刘昌灵 司竹月 刘小晴 译

TensorFlow Deep Learning Projects

人民邮电出版社

北　京

图书在版编目（CIP）数据

TensorFlow深度学习项目实战 /（美）卢卡·马萨罗
（Luca Massaron）等著；魏博等译. -- 北京：人民邮
电出版社，2022.4（2023.4重印）
（深度学习系列）
ISBN 978-7-115-56389-7

Ⅰ. ①T… Ⅱ. ①卢… ②魏… Ⅲ. ①机器学习 Ⅳ.
①TP181

中国版本图书馆CIP数据核字（2021）第068655号

版权声明

◆ 著　　　［美］卢卡·马萨罗（Luca Massaron）

　　　　　［美］阿尔贝托·博斯凯蒂（Alberto Boschetti）

　　　　　［美］阿列克谢·格里高瑞夫（Alexey Grigorev）

　　　　　［印］阿布舍克·塔库尔（Abhishek Thakur）

　　　　　［新加坡］拉贾林加帕·尚穆加马尼

　　　　　（Rajalingappaa Shanmugamani）

　　译　　　魏　博　刘昌灵　司竹月　刘小晴

　　责任编辑　吴晋瑜

　　责任印制　王　郁　焦志炜

◆ 人民邮电出版社出版发行　北京市丰台区成寿寺路 11 号

　　邮编　100164　电子邮件　315@ptpress.com.cn

　　网址　https://www.ptpress.com.cn

　　北京天宇星印刷厂印刷

◆ 开本：800×1000　1/16

　　印张：15.75　　　　　　　　　2022 年 4 月第 1 版

　　字数：314 千字　　　　　　　2023 年 4 月北京第 2 次印刷

　　著作权合同登记号　图字：01-2018-3492 号

定价：79.90 元

读者服务热线：(010)81055410　印装质量热线：(010)81055316
反盗版热线：(010)81055315
广告经营许可证：京东市监广登字 20170147 号

内容提要

本书旨在利用 TensorFlow 针对各种现实场景设计深度学习系统，引导读者实现有趣的深度学习项目。本书涵盖 10 个实践项目，如用目标检测 API 标注图像、利用长短期记忆神经网络（LSTM）预测股票价格、构建和训练机器翻译模型、检测 Quora 数据集中的重复问题等。通过阅读本书，读者可以了解如何搭建深度学习的 TensorFlow 环境、如何构建卷积神经网络以有效地处理图像、如何利用长短期记忆神经网络预测股票价格，以及如何实现一个能够自己玩电子游戏的人工智能（AI）。

本书适合数据科学家、机器学习和深度学习领域的从业者以及人工智能技术的爱好者阅读。

作者简介

非常感谢 Yukiko 和 Amelia 的一贯支持、帮助和耐心等待。

——Luca Massaron

Luca Massaron 是一名数据科学家，也是一家公司的市场研究总监，长期从事多元统计分析、机器学习和客户分析等工作，有 10 多年的解决实际问题的经验，擅长运用推理、统计、数据挖掘和算法为客户创造价值。他对数据分析技术非常感兴趣，乐于向专业人员和非专业人员展示数据驱动的知识发现的巨大潜力。他坚信通过简单明了的解释和对行业的基本理解可以实现很多目标。

Alberto Boschetti 是一名数据科学家，在信号处理和统计方面有丰富的经验。他拥有通信工程博士学位，目前从事自然语言处理、机器学习和分布式处理等方向的工作。他经常参加学术讨论、大型会议和其他活动，关注数据科学技术的最新进展。

非常感谢我的妻子 Larisa 和我的儿子 Arkadij 对本书的等待和支持。

——Alexey Grigorev

Alexey Grigorev 是经验丰富的数据科学家、机器学习工程师和软件开发人员，拥有超过 8 年的专业经验。他原是一名 Java 开发人员，后转而从事数据科学工作。现在，Alexey 是 Simplaex 公司的数据科学家，主要使用 Java 和 Python 进行数据清理、数据分析和建模。他擅长的领域是机器学习和文本挖掘。

Abhishek Thakur 是一名数据科学家，主要关注应用机器学习和深度学习。他在 2014 年获得了德国波恩大学的计算机科学硕士学位，之后在多个行业工作。他的研究方向是自动化机器学习。他热衷于参加机器学习竞赛，在 Kaggle 竞赛中获得过全球第三名的好成绩。

感谢我的妻子 Ezhil、家人和朋友的支持！感谢让我受益良多的所有老师和同事们！

——Rajalingappaa　Shanmugamani

Rajalingappaa Shanmugamani 是新加坡 SAP 公司的一名深度学习主管。他曾在多家初创公司工作，负责开发计算机视觉产品。他拥有印度理工学院的硕士学位，其毕业论文是关于计算机视觉在制造业中的应用。

审稿人简介

Marvin Bertin 是在线课程创作,也是技术图书的审稿人,主要关注深度学习、计算机视觉以及基于 TensorFlow 的自然语言处理等技术方向。他拥有机械工程学士学位和数据科学硕士学位,曾在美国加利福尼亚州旧金山湾区的企业担任机器学习工程师和数据科学家,主要从事推荐系统、自然语言处理和生物技术应用等方面的工作。目前他在一家初创公司工作,从事针对早期癌症检测开发深度学习算法的工作。

译者简介

魏博 中国科学院计算机软件研究博士，前阿里巴巴视频搜索引擎算法专家，Opera 新闻推荐算法专家，曾任志诺维思（北京）基因科技有限公司技术总监，现为北京字节跳动网络有限公司数据智能策略负责人。长期致力于数据科学在多个领域中的应用和产品落地。译作有《数据科学 R 语言实现》《概率图模型 R 语言》和《大规模数据分析和建模：基于 Spark 与 R》。

刘昌灵 清华大学计算神经学在读博士，现为志诺维思（北京）基因科技有限公司算法专家，曾荣获全国大学生数学建模竞赛和美国大学生数学建模大赛一等奖。

司竹月 北京理工大学计算机数据挖掘硕士，前阿里巴巴视频搜索引擎算法工程师，现为北京字节跳动网络有限公司推荐算法工程师。

刘小晴 中国人民大学计算机（机器学习方向）硕士，现为志诺维思（北京）基因科技有限公司算法工程师。

前言

TensorFlow 是目前非常流行的用于机器学习和深度学习的框架。它为训练不同类型的深度学习模型提供了一个快速、高效的框架，可使训练后的模型拥有较高的准确率。本书通过 10 个实践项目，帮助你掌握基于 TensorFlow 的深度学习技术。

本书首先介绍如何搭建正确的 TensorFlow 环境。通过阅读本书，你可以了解如何使用 TensorFlow 训练不同类型的深度学习模型，其中包括卷积神经网络（CNN）、循环神经网络（RNN）、长短期记忆神经网络（LSTM）以及生成对抗网络（GAN）；可以构建端到端的深度学习的解决方案，以处理真实世界的各种问题，例如图像处理、企业人工智能系统和自然语言处理等；还可以训练高性能的模型，例如为图像自动生成描述、预测股票的价格走势、构建智能聊天机器人等。本书还涉及一些高级内容，例如推荐系统和强化学习。

学完本书，你可以了解深度学习的有关概念，以及这些概念在 TensorFlow 中的相应实现，并能使用 TensorFlow 构建和训练自己的深度学习模型，进而具备解决多种类型的问题的技能。

读者对象

本书适合数据科学家、机器学习和深度学习从业者以及人工智能爱好者阅读，可帮助他们提升构建真实智能系统的知识水平和专业能力。如果你希望通过 TensorFlow 完成实际项目，以掌握不同的深度学习概念和算法，本书应是首选！

本书内容

第 1 章介绍如何采用必要的预处理步骤从图像中提取合适的特征。对于卷积神经网络，我们将使用 Matplotlib 生成的简单图像。

第 2 章介绍如何构建实时目标检测应用程序。该应用程序可以使用 TensorFlow 的目标检测 API（一些预训练好的卷积神经网络，即 TensorFlow 检测 Model Zoo）及 OpenCV 标注图像、视频和网络摄像头捕捉的影像。

第 3 章介绍如何借助或不借助预训练模型生成图像描述。

第 4 章介绍如何构建 GAN 以逐步再现所需的图像。使用的数据集是手写字符数据集（数字和字母都是 Chars74K 的）。

第 5 章介绍如何预测一维信号（股票价格），即根据股票的历史价格，使用 LSTM 预测其未来价格，并让预测更加准确。

第 6 章介绍如何使用 TensorFlow 构建和训练先进的机器翻译模型。

第 7 章介绍如何从零开始构建智能聊天机器人，以及如何与之进行交互。

第 8 章讨论检测 Quora 数据集中重复问题的方法——这些方法也可以用于其他类似的数据集。

第 9 章介绍如何用 TensorFlow 构建推荐系统，以及如何对其进行简单的评估。

第 10 章介绍如何构建可以玩转《登月着陆器》游戏的人工智能系统。该游戏基于已有的 OpenAI Gym 项目展开并使用 TensorFlow 进行整合。OpenAI Gym 提供了不同的游戏环境，可以帮助使用者了解使用 AI 智能体的方法及其背后 TensorFlow 神经网络模型的算法。

阅读前提

本书的示例可以在 Windows、Ubuntu 和 macOS 上运行。读者应事先了解 Python 编程语言、机器学习和深度学习的基础知识，并且熟悉 TensorFlow。

本书体例

CodeInText：表示正文中的代码、数据库表名、文件夹名、文件名、文件扩展名、路径名、虚拟 URL、用户输入和 Twitter 句柄。例如，TqdmUpTo 类是一个 tqdm 包装器，支持在下载时使用进度显示。

代码段的格式如下所示：

```
import numpy as np
import urllib.request
import tarfile
import os
import zipfile
import gzip
import os
from glob import glob
from tqdm import tqdm
```

命令行的输入或输出如下所示：

```
epoch 01: precision: 0.064
epoch 02: precision: 0.086
epoch 03: precision: 0.106
epoch 04: precision: 0.127
epoch 05: precision: 0.138
epoch 06: precision: 0.145
epoch 07: precision: 0.150
epoch 08: precision: 0.149
epoch 09: precision: 0.151
epoch 10: precision: 0.152
```

黑体：用于显示专业名词术语或重点强调的词或语句。

 警告或重要的注释以这样的形式显示。

 提示和技巧以这样的形式显示。

目录

第1章 用卷积神经网络识别交通标志

本章将构建一个简单的模型，以解决交通标志识别问题，这是本书的第一个项目。在这个模型中，深度学习的表现非常出色。简单来说，只要给定一幅交通标志的彩色图像，模型就能够识别出它是什么交通标志。

本章主要包括以下内容：
- 数据集是如何构成的；
- 应该使用哪种深度神经网络；
- 如何对数据集中的图像进行预处理；
- 如何训练、预测并关注模型的性能。

1.1 数据集

本章会用到一些交通标志，以完成图像预测任务，因此需要构建相应的数据集。幸运的是，德国 für Neuroinformatik 研究所的研究人员构建了一个包含约 40000 幅不同图像的数据集，其中包含 43 种交通标志。我们使用的数据集是德国交通标志识别基准（German Traffic Sign Recognition Benchmark，GTSRB）竞赛的一部分。该竞赛会对参赛者们为实现同一目标而构建的模型的性能进行评选。尽管这个数据集比较陈旧（2011 年），但是对于本项目来说，不失为一个不错的选择。

要获取上述数据集，请自行搜索 GTSRB_Final_Training_Images.zip 文件。

 在运行代码之前，请先下载文件并将其解压到该代码所在的目录下。解压后，得到的是一个名为 GTSRB 的包含数据集的文件夹。在此感谢为这一开源数据集做出贡献的人。

图 1-1～图 1-3 给出了一些交通标志图像的示例。限速 20km/h 的交通标志如图 1-1 所示。直行或右转的交通标志如图 1-2 所示。环岛的交通标志如图 1-3 所示。

可以看到，交通标志图像的亮度并不一致（有些很暗，有些很亮），它们的大小、拍摄视角和背景也不尽相同，并且其中可能混杂着其他交通标志。

数据集的组织方式如下：所有标签相同的图像位于同一文件夹中。例如，文件路径

GTSRB/Final_Training/Images/00040/所指文件夹中的图像标签均为 40，而文件路径 GTSRB/Final_Training/Images/00005/所指文件夹中的图像标签为 5。注意，这些图像均为 PPM 格式——一种无损压缩格式，这种格式的图像支持很多开源的编码器/解码器。

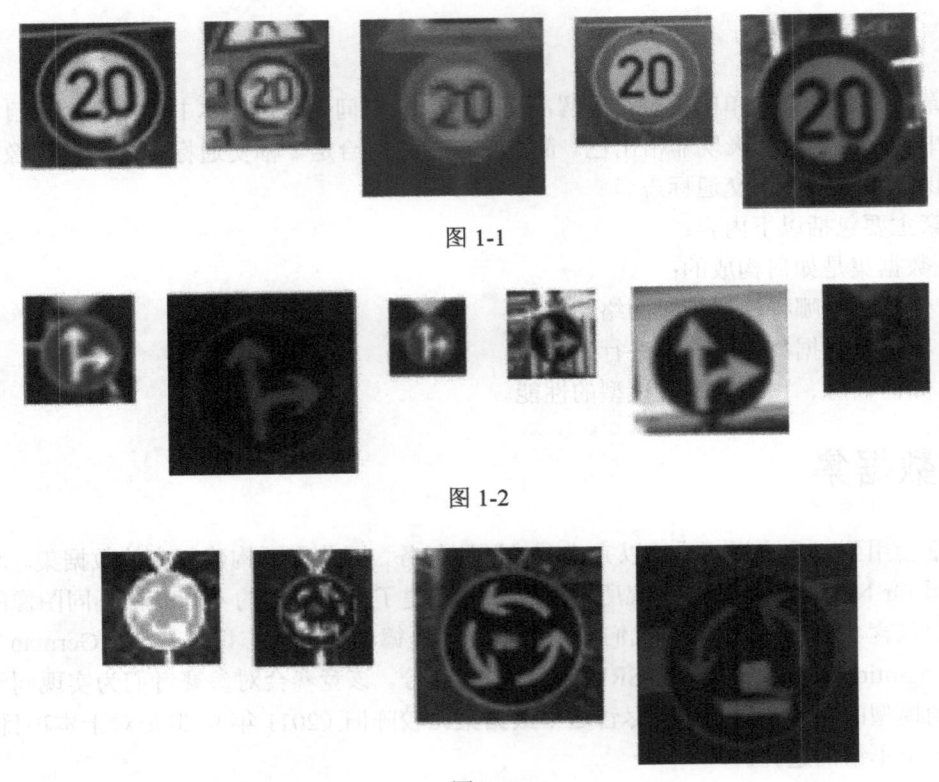

图 1-1

图 1-2

图 1-3

1.2　卷积神经网络

本项目会用到一个具有图 1-4 所示结构的简单卷积神经网络。

在上述结构中，还有以下参数：

（1）二维卷积层中滤波器的个数和核的大小；

（2）**最大池化层**中核的大小；

（3）**全连接层**中的单元数；

（4）批大小、优化算法、学习步骤（最终的衰减率）、各层的激活函数和轮数。

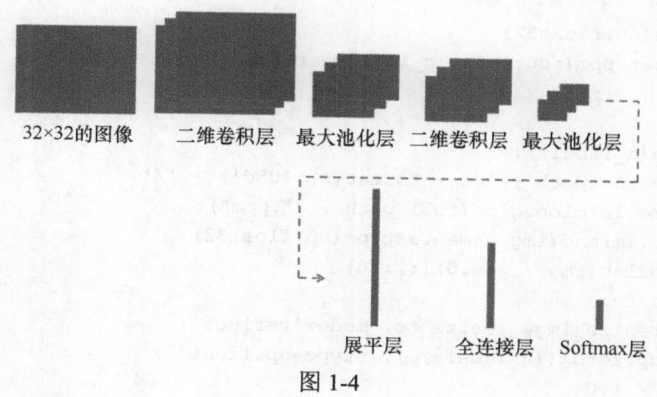

图 1-4

1.3 图像预处理

模型的第一步操作是读入图像并对其进行标准化处理，即图像预处理。事实上，我们不能在图像尺寸不统一的情况下开展后续工作。因此，首先要加载图像并且将其变换为指定的尺寸（32×32）。除此之外，我们需要对标签进行 one-hot 编码，得到一个 43 维的矩阵，让矩阵中的每一维只有一个元素有效，同时把图像的颜色空间从 RGB 模式转为灰度模式。我们通过观察图像可以发现，所需要的信息不在标志图像的颜色中，而是在图像的形状和设计中。

接着，打开 Jupyter Notebook，编写代码。先设置一些全局变量，包括类的数量（43）和变换后图像的尺寸：

```
N_CLASSES = 43
RESIZED_IMAGE = (32, 32)
```

接下来，定义一个函数，用来读取给定目录下的所有图像，然后把这些图像转换成给定形状，转为灰度图，并对标签做 one-hot 编码。这里需要使用一个名为 Dataset 的元组：

```
import matplotlib.pyplot as plt
import glob
from skimage.color import rgb2lab
from skimage.transform import resize
from collections import namedtuple
import numpy as np
np.random.seed(101)
%matplotlib inline
Dataset = namedtuple('Dataset', ['X', 'y'])
def to_tf_format(imgs):
    return np.stack([img[:, :, np.newaxis] for img in imgs],
```

```
axis=0).astype(np.float32)
def read_dataset_ppm(rootpath, n_labels, resize_to):
images = []
labels = []
for c in range(n_labels):
    full_path = rootpath + '/' + format(c, '05d') + '/'
    for img_name in glob.glob(full_path + "*.ppm"):
      img = plt.imread(img_name).astype(np.float32)
      img = rgb2lab(img / 255.0)[:,:,0]
      if resize_to:
        img = resize(img, resize_to, mode='reflect')
      label = np.zeros((n_labels, ), dtype=np.float32)
      label[c] = 1.0
    images.append(img.astype(np.float32))
    labels.append(label)
return Dataset(X = to_tf_format(images).astype(np.float32),
               y = np.matrix(labels).astype(np.float32))
dataset = read_dataset_ppm('GTSRB/Final_Training/Images', N_CLASSES,
RESIZED_IMAGE)
print(dataset.X.shape)
print(dataset.y.shape)
```

因为用了 `skimage` 模块，所以图像的读取、变换、改变尺寸的操作将非常简单。我们在代码实现中决定对原始的颜色空间（RGB）进行转化，只保留亮度分量。在这里，另一个可以较好地进行转化的颜色空间是 YUV，其中只有 Y 分量应该被保留为灰度图。

运行代码的结果如下：

```
(39209, 32, 32, 1)
(39209, 43)
```

注意输出格式：观察矩阵 X 的维度为 4。第一个维度代表观察值的索引（近 40000），其他 3 个维度表示图像信息（32×32 的一维灰度图）。这是用 TensorFlow 处理的图像的默认形状（详见代码中的 `_tf_format` 函数）。

对于标签矩阵，行是观察值的索引，列是标签的 one-hot 编码。

为了更好地理解观察矩阵，我们输出第一个样本的特征向量（见图 1-5）和标签向量：

```
plt.imshow(dataset.X[0, :, :, :].reshape(RESIZED_IMAGE)) #sample
print(dataset.y[0, :]) #label
[[1. 0. 0. 0. 0. 0. 0. 0. 0. 0. 0. 0. 0. 0. 0. 0. 0. 0. 0. 0. 0. 0. 0.
0. 0. 0. 0. 0. 0. 0. 0. 0. 0. 0. 0. 0. 0. 0. 0. 0. 0. 0. 0.]]
```

可以发现，图像就是特征向量，其尺寸为 32×32。标签向量只在第一个位置值为 1。

输出最后一个样本，如图 1-6 所示。

```
plt.imshow(dataset.X[-1, :, :, :].reshape(RESIZED_IMAGE)) #sample
print(dataset.y[-1, :]) #label
[[0. 0. 0. 0. 0. 0. 0. 0. 0. 0. 0. 0. 0. 0. 0. 0. 0. 0. 0. 0. 0. 0. 0. 0. 0. 0. 0. 0. 0.
  0. 0. 0. 0. 0. 0. 0. 0. 0. 0. 0. 0. 0. 1.]]
```

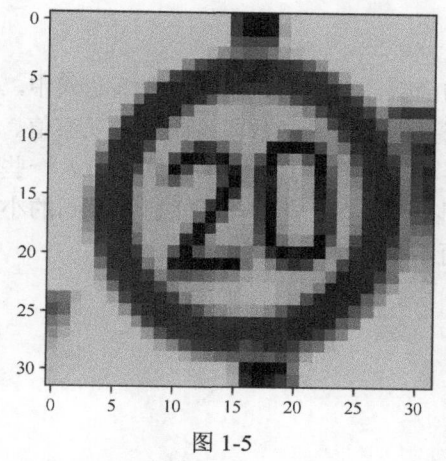

图 1-5

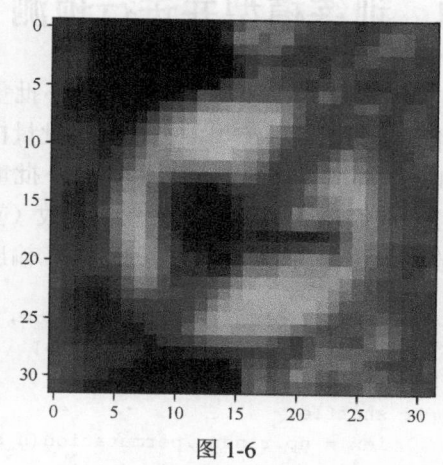

图 1-6

特征向量的尺寸保持不变，仍为 32×32，而标签向量只在最后一个位置值为 1。

这就是构建模型需要的两部分信息。尤其要注意图像的形状，因为在用深度学习处理图像的过程中这很关键。与经典机器学习的观察矩阵相比，这里 *X* 的维度为 4。

图像预处理的最后一步是训练集/测试集的分割。我们希望在数据集的一个子集上训练模型，并在其补集（测试集）上测试模型的性能，为此需要用到 sklearn 提供的函数：

```
from sklearn.model_selection import train_test_split
idx_train, idx_test = train_test_split(range(dataset.X.shape[0]),
test_size=0.25, random_state=101)
X_train = dataset.X[idx_train, :, :, :]
X_test = dataset.X[idx_test, :, :, :]
y_train = dataset.y[idx_train, :]
y_test = dataset.y[idx_test, :]
print(X_train.shape)
print(y_train.shape)
print(X_test.shape)
print(y_test.shape)
```

在这个例子中，我们用数据集中 75% 的样本训练，用其余 25% 的样本测试。此时，代码的实际输出如下：

```
(29406, 32, 32, 1)
(29406, 43)
```

```
(9803, 32, 32, 1)
(9803, 43)
```

1.4　训练模型并进行预测

首先，我们需要一个用于创建小批量训练数据的函数。事实上，在每次训练迭代中，我们都需要插入从训练集中提取的小批量样本。这里需要创建一个函数，该函数将观察值、标签和批大小作为参数，并返回一个小批量样本生成器。此外，为了在训练数据中引入一些可变性，我们在函数中加入另一个参数（重洗数据），以使每个生成器有可能包含不同的小批量数据。这样将迫使模型学习输入、输出的关系，而不是去记忆序列。

```
def minibatcher(X, y, batch_size, shuffle):
assert X.shape[0] == y.shape[0]
n_samples = X.shape[0]
if shuffle:
    idx = np.random.permutation(n_samples)
else:
    idx = list(range(n_samples))
for k in range(int(np.ceil(n_samples/batch_size))):
    from_idx = k*batch_size
    to_idx = (k+1)*batch_size
    yield X[idx[from_idx:to_idx], :, :, :], y[idx[from_idx:to_idx], :]
```

为了测试这一函数，我们用如下代码输出 batch_size=10000 时小批量样本的形状：

```
for mb in minibatcher(X_train, y_train, 10000, True):
print(mb[0].shape, mb[1].shape)
```

输出的结果如下：

```
(10000, 32, 32, 1) (10000, 43)
(10000, 32, 32, 1) (10000, 43)
(9406, 32, 32, 1) (9406, 43)
```

不出所料，训练集中的 29406 个样本被分成了两个有 10000 个元素的小批量样本和一个有 9406 个元素的小批量样本。当然，标签矩阵中也有相同数量的元素。

现在我们可以构建模型了。首先，需要确定模型的模块，可以从创建全连接层开始，加入可变数量的单元（作为参数）且不加入激活层。我们采用 xavier 初始化方法对系数（权重）进行初始化，偏置设为 0。输出等于输入张量乘以权重，再加上偏置。需要注意的是，权重的维度是动态定义的，因此可用于模型中的任何地方。

```
import tensorflow as tf
def fc_no_activation_layer(in_tensors, n_units):
w = tf.get_variable('fc_W',
  [in_tensors.get_shape()[1], n_units],
  tf.float32,
  tf.contrib.layers.xavier_initializer())
b = tf.get_variable('fc_B',
  [n_units, ],
  tf.float32,
  tf.constant_initializer(0.0))
return tf.matmul(in_tensors, w) + b
```

下面我们来创建带激活函数的全连接层。值得一提的是，这里的激活函数采用 leaky ReLU，用如下方法来实现：

```
def fc_layer(in_tensors, n_units):
return tf.nn.leaky_relu(fc_no_activation_layer(in_tensors, n_units))
```

然后，创建一个卷积层，参数包含输入数据、核的大小以及滤波器（或神经元）个数。采用与全连接层相同的激活函数。在这种情况下，输出层需要通过 leaky ReLU 激活函数激活：

```
def conv_layer(in_tensors, kernel_size, n_units):
w = tf.get_variable('conv_W',
  [kernel_size, kernel_size, in_tensors.get_shape()[3], n_units],
  tf.float32,
  tf.contrib.layers.xavier_initializer())
b = tf.get_variable('conv_B',
  [n_units, ],
  tf.float32,
  tf.constant_initializer(0.0))
return tf.nn.leaky_relu(tf.nn.conv2d(in_tensors, w, [1, 1, 1, 1], 'SAME') + b)
```

再创建池化层 maxpool_layer。这里，核的尺寸和步长都是平方级的：

```
def maxpool_layer(in_tensors, sampling):
return tf.nn.max_pool(in_tensors, [1, sampling, sampling, 1], [1, sampling, sampling, 1],
'SAME')
```

最后要创建的是定义 dropout 层，用来正则化网络。dropout 层的定义相当简单。只需要记住，它在训练时会用到，预测时不会用到。因此，需要一个额外的条件运算符来定义是否使用 dropout 层：

```
def dropout(in_tensors, keep_proba, is_training):
    return tf.cond(is_training, lambda: tf.nn.dropout(in_tensors, keep_proba), lambda:
in_tensors)
```

最后，我们需要把各模块组合起来并构建模型。构建的模型包含以下几层。

（1）二维卷积层，5×5，共 32 个滤波器。

（2）二维卷积层，5×5，共 64 个滤波器。

（3）展平层。

（4）全连接层，共 1024 个单元。

（5）40%的 dropout 层。

（6）全连接层（无激活函数）。

（7）Softmax 层。

代码如下：

```
def model(in_tensors, is_training):
# First layer: 5x5 2d-conv, 32 filters, 2x maxpool, 20% drouput
with tf.variable_scope('l1'):
    l1 = maxpool_layer(conv_layer(in_tensors, 5, 32), 2)
    l1_out = dropout(l1, 0.8, is_training)
# Second layer: 5x5 2d-conv, 64 filters, 2x maxpool, 20% drouput
with tf.variable_scope('l2'):
    l2 = maxpool_layer(conv_layer(l1_out, 5, 64), 2)
    l2_out = dropout(l2, 0.8, is_training)
with tf.variable_scope('flatten'):
    l2_out_flat = tf.layers.flatten(l2_out)
# Fully collected layer, 1024 neurons, 40% dropout
with tf.variable_scope('l3'):
    l3 = fc_layer(l2_out_flat, 1024)
    l3_out = dropout(l3, 0.6, is_training)
# Output
with tf.variable_scope('out'):
    out_tensors = fc_no_activation_layer(l3_out, N_CLASSES)
return out_tensors
```

现在我们需要定义函数来训练模型并在测试集上测试其性能。注意，下面的代码都属于 train_model 函数，为了便于解释，我们将其拆分成若干块。

函数的参数包括训练集、测试集及其对应的标签、学习率、轮数、批大小（每个训练批次的样本数量）。首先，需要定义 TensorFlow 占位符——一个用于小批量图像，一个用于小批量标签，一个用于选择是否运行代码以进行训练（主要用于 dropout 层）：

```
from sklearn.metrics import classification_report, confusion_matrix
def train_model(X_train, y_train, X_test, y_test, learning_rate, max_epochs, batch_
```

```
size):
    in_X_tensors_batch = tf.placeholder(tf.float32, shape = (None,
    RESIZED_IMAGE[0], RESIZED_IMAGE[1], 1))
    in_y_tensors_batch = tf.placeholder(tf.float32, shape = (None, N_CLASSES))
    is_training = tf.placeholder(tf.bool)
```

接下来，定义输出、度量分数和优化器。这里用 AdamOptimizer 和 softmax(logits) 下的交叉熵作为损失函数：

```
logits = model(in_X_tensors_batch, is_training)
out_y_pred = tf.nn.softmax(logits)
loss_score = tf.nn.softmax_cross_entropy_with_logits(logits=logits,
labels=in_y_tensors_batch)
loss = tf.reduce_mean(loss_score)
optimizer = tf.train.AdamOptimizer(learning_rate).minimize(loss)
```

最后，用小批量样本训练模型：

```
with tf.Session() as session:
    session.run(tf.global_variables_initializer())
    for epoch in range(max_epochs):
     print("Epoch=", epoch)
      tf_score = []
      for mb in minibatcher(X_train, y_train, batch_size, shuffle = True):
        tf_output = session.run([optimizer, loss],
                                feed_dict = {in_X_tensors_batch : mb[0],
                                            in_y_tensors_batch : b[1],
                                            is_training : True})
        tf_score.append(tf_output[1])
      print(" train_loss_score=", np.mean(tf_score))
```

训练之后，我们需要在测试集上测试模型。这里使用整个测试集进行测试，而不使用小批量样本。由于不使用 dropout 层，对应的参数 is_training 需要设为 False：

```
    print("TEST SET PERFORMANCE")
    y_test_pred, test_loss = session.run([out_y_pred, loss],
                                feed_dict = {in_X_tensors_batch :X_test,
in_y_tensors_batch : y_test,is_training : False})
```

最后，输出分类结果并绘制混淆矩阵（以及它的 log2 版本），以观察误分类的情况：

```
    print(" test_loss_score=", test_loss)
    y_test_pred_classified = np.argmax(y_test_pred, axis=1).astype(np.int32)
    y_test_true_classified = np.argmax(y_test, axis=1).astype(np.int32)
    print(classification_report(y_test_true_classified, y_test_pred_classified))
    cm = confusion_matrix(y_test_true_classified, y_test_pred_classified)
```

```
plt.imshow(cm, interpolation='nearest', cmap=plt.cm.Blues)
plt.colorbar()
plt.tight_layout()
plt.show()
#log2 版本，用于观察错误分类的情况
plt.imshow(np.log2(cm + 1), interpolation='nearest',cmap=plt.get_cmap("tab20"))
plt.colorbar()
plt.tight_layout()
plt.show()
tf.reset_default_graph()
```

最后，让我们运行包含如下参数的函数。这里将参数分别设置为学习率 0.001、轮数 10 以及每个小批量包含 256 个样本：

```
train_model(X_train, y_train, X_test, y_test, 0.001, 10, 256)
```

输出如下：
```
Epoch= 0
train_loss_score= 3.4909246
Epoch= 1
train_loss_score= 0.5096467
Epoch= 2
train_loss_score= 0.26641673
Epoch= 3
train_loss_score= 0.1706828
Epoch= 4
train_loss_score= 0.12737551
Epoch= 5
train_loss_score= 0.09745725
Epoch= 6
train_loss_score= 0.07730477
Epoch= 7
train_loss_score= 0.06734192
Epoch= 8
train_loss_score= 0.06815668
Epoch= 9
train_loss_score= 0.060291935
TEST SET PERFORMANCE
test_loss_score= 0.04581982
```

每个类别的分类结果如下：

	precision	recall	f1-score	support
0	1.00	0.96	0.98	67
1	0.99	0.99	0.99	539
2	0.99	1.00	0.99	558

3	0.99	0.98	0.98	364
4	0.99	0.99	0.99	487
5	0.98	0.98	0.98	479
6	1.00	0.99	1.00	105
7	1.00	0.98	0.99	364
8	0.99	0.99	0.99	340
9	0.99	0.99	0.99	384
10	0.99	1.00	1.00	513
11	0.99	0.98	0.99	334
12	0.99	1.00	1.00	545
13	1.00	1.00	1.00	537
14	1.00	1.00	1.00	213
15	0.98	0.99	0.98	164
16	1.00	0.99	0.99	98
17	0.99	0.99	0.99	281
18	1.00	0.98	0.99	286
19	1.00	1.00	1.00	56
20	0.99	0.97	0.98	78
21	0.97	1.00	0.98	95
22	1.00	1.00	1.00	97
23	1.00	0.97	0.98	123
24	1.00	0.96	0.98	77
25	0.99	1.00	0.99	401
26	0.98	0.96	0.97	135
27	0.94	0.98	0.96	60
28	1.00	0.97	0.98	123
29	1.00	0.97	0.99	69
30	0.88	0.99	0.93	115
31	1.00	1.00	1.00	178
32	0.98	0.96	0.97	55
33	0.99	1.00	1.00	177
34	0.99	0.99	0.99	103
35	1.00	1.00	1.00	277
36	0.99	1.00	0.99	78
37	0.98	1.00	0.99	63
38	1.00	1.00	1.00	540
39	1.00	1.00	1.00	60
40	1.00	0.98	0.99	85
41	1.00	1.00	1.00	47
42	0.98	1.00	0.99	53
avg/total	0.99	0.99	0.99	9803

可以看到，模型在测试集上达到了 0.99 的精度。此外，召回率和 f1 值也为 0.99。测试集的损失与最后一次迭代的损失相近，由此说明模型运行稳定，没有出现过拟合或欠拟合的

现象。

混淆矩阵如图 1-7 所示。图 1-8 是图 1-7 所示的混淆矩阵的 log2 版本（实际为彩色图）。

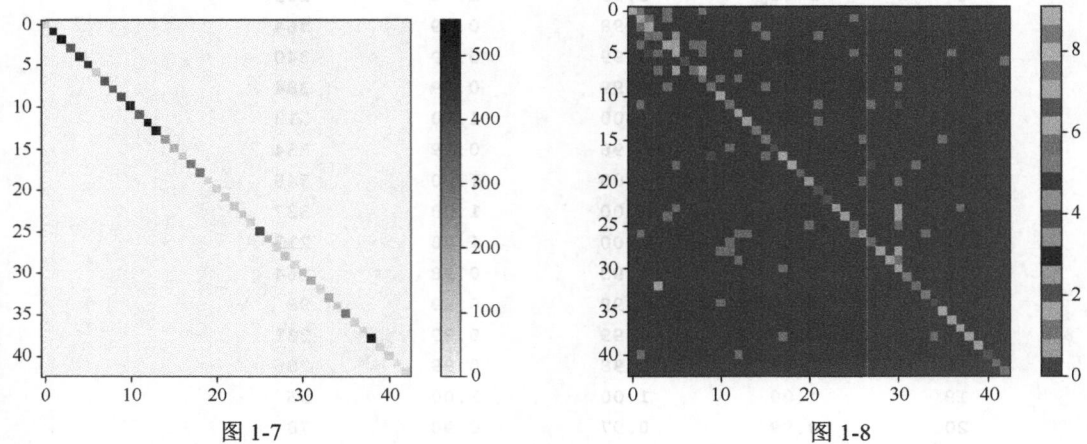

图 1-7　　　　　　　　　　　　　　　　　　　图 1-8

1.5　后续问题

请思考如下问题。

（1）如果添加或去掉一些卷积层或全连接层，那么模型的性能会有何变化？

（2）本章的项目反映了 dropout 层对正则化的必要性。请尝试改变 dropout 层的比例，观察输出的过拟合和欠拟合现象。

（3）请在你所在的城市拍摄多个交通标志，实际测试一下训练好的模型。

1.6　小结

本章介绍了如何使用卷积神经网络（Convolutional Neural Network，CNN）识别交通标志。第 2 章将用 CNN 完成更加复杂的项目。

第 2 章　用目标检测 API 标注图像

近年来，计算机视觉技术随着深度学习的发展取得了巨大的飞跃，使得计算机在理解视觉场景方面上升到了更高的水平。深度学习在视觉任务中的潜力是巨大的：计算机具有对其周围环境进行视觉感知和理解的能力，在可移动领域（例如，自动驾驶汽车可以通过安装在车上的照相机探测出物体是行人、动物还是机动车并发出行动指令）以及日常生活中的人机交互领域（例如，机器人可以感知周围环境并成功地实现交互）打开了新的人工智能应用大门。

第 1 章介绍了卷积神经网络及其工作原理。本章将介绍一个快速、简单的项目，帮助你用计算机来"理解"用照相机或手机中拍摄的图像以及从互联网或直接从网络摄像头获取的图像，进而找出图像中物体的类型及其精确位置。

为了实现上述的分类和定位，我们会用到 TensorFlow 的目标检测 API——谷歌公司的 TensorFlow 模型项目中的一部分。TensorFlow 可以预训练一系列神经网络并将其封装在自定义的应用中。

本章主要包括以下内容：
● 在项目中使用合适数据的好处；
● 简要介绍 TensorFlow 的目标检测 API；
● 如何为已存储的图像添加标注，以满足更多的使用需求；
● 如何用 moviepy 对视频进行可视化标注；
● 如何通过网络摄像头进行图像标注实时化。

2.1　微软常见物体数据集

在计算机视觉领域，深度学习常用于解决分类问题，如 ImageNet（也有其他数据集，如 PASCAL VOC）以及卷积神经网络（如 Xception、VGG 16、VGG 19、ResNet 50、Inception V3 和 MobileNet）。

虽然基于 ImageNet 数据集的深度学习技术已经颇为成熟，但是面对真实世界的应用还存在很多困难。事实上，在实际应用中，模型不得不处理与 ImageNet 的样本差别巨大的数据。在 ImageNet 中，样本按照图像中唯一清晰的元素进行明确分类。理想情况下，待分类的物体位于图像中央，并且不被遮挡；而在实际图像中，物体是随机分布的，且数量较多。所有这些物体互不相同，有时会造成数据集的混乱。除此之外，由于可能被其他物体遮挡，常见的物体也不能被准确和直接地感知到。

实际情况下，图像中会有多个物体，而这些物体有时很难和背景噪声分离开来。通常来讲，你无法仅用一个拥有最高置信度物体的标签标注一幅图像来创建有意义的项目。

在实际应用中，你需要完成以下工作。

（1）物体分类，即在识别各种物体（通常是同一类物体）时，对单个或多个物体进行分类。

（2）图像定位，找出图像中特定物体的位置。

（3）图像分割，每个像素点都有标签，表示该像素点是物体还是背景，以便可以从背景中分离出感兴趣的区域。

正如 LIN、Tsung-Yi 等人在论文 *Microsoft coco: common objects in context* 中所说的，为了使卷积神经网络能够完成上述提到的部分或全部目标，他们必须对其进行训练，于是创建了**微软常见物体数据集**（MS COCO）。该数据集包含 91 类常见物体，采用分层排序的方式，其中 82 类包含 5000 个以上有标签的实例。该数据集共含有 2500000 个有标签的物体，它们分布在 32800 幅图像中。

下面是 MS COCO 中可辨识的类：

```
{1: 'person', 2: 'bicycle', 3: 'car', 4: 'motorcycle', 5: 'airplane', 6: 'bus', 7: 'train',
8: 'truck', 9: 'boat', 10: 'traffic light', 11: 'fire hydrant', 13: 'stop sign', 14: 'parking
meter', 15: 'bench', 16: 'bird', 17: 'cat', 18: 'dog', 19: 'horse', 20: 'sheep', 21: 'cow',
22: 'elephant', 23: 'bear', 24: 'zebra', 25: 'giraffe', 27: 'backpack', 28: 'umbrella', 31:
'handbag', 32: 'tie', 33: 'suitcase', 34: 'frisbee', 35: 'skis', 36:
    'snowboard', 37: 'sports ball', 38: 'kite', 39: 'baseball bat', 40:
    'baseball glove', 41: 'skateboard', 42: 'surfboard', 43: 'tennis racket', 44: 'bottle',46:
'wine glass', 47: 'cup', 48: 'fork', 49: 'knife', 50:
    'spoon', 51: 'bowl', 52: 'banana', 53: 'apple', 54: 'sandwich', 55:
    'orange', 56: 'broccoli', 57: 'carrot', 58: 'hot dog', 59: 'pizza', 60:
    'donut', 61: 'cake', 62: 'chair', 63: 'couch', 64: 'potted plant', 65:
    'bed', 67: 'dining table', 70: 'toilet', 72: 'tv', 73: 'laptop', 74:
    'mouse', 75: 'remote', 76: 'keyboard', 77: 'cell phone', 78: 'microwave', 79: 'oven',80:
'toaster', 81: 'sink', 82: 'refrigerator', 84: 'book', 85: 'clock', 86: 'vase', 87:
'scissors', 88: 'teddy bear', 89: 'hair drier', 90: 'toothbrush'}
```

尽管 ImageNet 数据集展示了分布在 14197122 幅图像中的 1000 类物体，但是 MS COCO 展示了分布在少量图像中的多个物体的特殊特征。MS COCO 通过亚马逊公司的 Mechanical Turk 收集，这是一种代价更高的方法，而 ImageNet 也用同样的方法收集。在这样的前提下，MS COCO 的图像可以说是上下文关系和非标志性物体视图的优良例子，因为物体是置于真实的位置和环境中的。这一点可以从上述 MS COCO 论文的相应例子得到证实。标志性图像示例和非标志性图像示例如图 2-1 所示。

（a）标志性图像　　　　　　（b）标志性场景图像　　　　　　（c）非标志性图像

图 2-1

此外，MS COCO 的图像标注非常丰富，给出了图像中呈现物体轮廓的坐标。物体的轮廓可以很容易地转换成边框，从而限定了物体在图像中的位置。这是一种基于像素分割的定位方法，比最初用于训练 MS COCO 的方法更粗糙。

在图 2-2 中，通过定义图像中的显著区域并创建这些区域的文本描述，我们仔细划分出了密集的线。在机器学习中，这种方式可以转化为给图像中的每个像素分配一个标签，并尝试预测分割类（根据对应的文本描述）。过去，这一直是通过图像处理实现的，直到 ImageNet 2012 出现，深度学习才被证明是一种更有效的解决方案。

图 2-2

2012 年是计算机视觉领域里程碑式的一年，因为深度学习首次给出了比已有所有传统技术更好的结果（Krizhevsky Alex, Sutskever Ilya, Hinton Geoffrey E. *Imagenet classification with deep convolutional neural networks*. In: Advances in neural information processing systems. 2012. p.1097-1105）。

图像分割对于多种任务尤其有用，例如：

（1）突出图像中的重要对象，如医学疾病检测领域的应用；

（2）在图像中定位物体，以便机器人能够拾取或操控它们；

（3）帮助自动驾驶汽车或无人机了解路况并完成导航；

（4）通过自动提取图像的部分区域或去除图像背景来编辑图像。

这种标注的成本非常高（这限制了 MS COCO 中的实例数量），因为它必须完全手动完成，并且对精度有要求。有些工具可以通过分割图像辅助标注。若想通过分割图像来完成标注，则可以使用两个工具———一个是 LabelImg，另一个是 FastAnnotationTool。

这些工具也可以通过边框完成更简单的标注，它们可以帮助你按照自己的分类用 MS COCO 重新训练模型。

2.2　TensorFlow 的目标检测 API

为了提升相关研究社区的能力，谷歌公司的研究人员和软件工程师经常开发先进的模型，并将其免费开源。正如 2016 年 10 月谷歌公司的博客中所描述的，谷歌公司内部的目标检测系统在 COCO 检测挑战赛中荣获冠军。这一比赛主要解决的是寻找图像中目标物体（估计物体在图像中某一位置的可能性）和目标物体的边框的问题。

谷歌公司的解决方案不仅贡献了大量论文，还在谷歌公司的一些产品（如 Nest 摄像头、图片搜索以及谷歌街景）中投入使用，同时作为一个在 TensorFlow 上构建的开源框架向公众发布。

该框架提供了一些实用的功能，还提供了以下 5 个不同的预训练模型（构成所谓的"Model Zoo"）：

（1）使用 MobileNets 的 Single Shot Multibox Detector（SSD）；

（2）使用 Inception V2 的 SSD；

（3）使用 ResNet101 的 Region-Based Fully Convolutional Network（R-FCN）；

（4）使用 ResNet101 的 Faster R-CNN；

（5）使用 Inception ResNet v2 的 Faster R-CNN。

这些模型在检测精度和执行速度上都在不断提高。MobileNets、Inception 和 ResNet 指的是不同类型的卷积神经网络结构（例如，MoblieNets，顾名思义，是用于手机优化的卷积神经网络结构，其体积更小、执行速度更快）。你可以通过前文讨论过的卷积神经网络的结构了解更多关于这些模型的相关知识。

SSD、R-FCN 和 Faster R-CNN 是用来检测图像中多个物体的新模型。后文会解释它们的工作原理。

你可以根据具体应用选择合适的模型（需要进行一些实验）或者组合使用多个模型，

以便得到更好的结果，就像谷歌公司的研究员为了赢得 COCO 检测挑战赛所采取的策略那样。

R-CNN、R-FCN 和 SSD 模型的基础知识

你可能非常清楚卷积神经网络如何处理图像分类，但是对于卷积神经网络如何通过定义边框（包围对象本身的矩形）将多个目标物体定位到图像中，你可能就没有那么清楚了。你可能想到的第一个也是最简单的解决方案是滑动窗口，并在每个滑动窗口上应用卷积神经网络。但是对于大多数现实世界中的应用来说，这可能涉及高昂的计算成本（就像给自动驾驶汽车提供视觉处理，你确实希望它能识别出障碍物并在发生碰撞之前停下）。

在 Adrian Rosebrock 的博客文章 *Sliding Windows for Object Detection with Python and OpenCV* 中，你可以找到更多关于用滑动窗口算法来检测目标物体的介绍。

虽然滑动窗口很直观，但是其复杂性和计算冗余（在不同尺度的图像上穷举和处理）带来了诸多限制，于是另一种可能的**候选区域**（region proposal）算法应运而生。这种算法采用图像分割（根据不同区域的主要颜色的差异将图像分割为不同的部分）来枚举图像中可能存在的边框。该算法工作原理的具体细节参见 Satya Mallik 的论文 *Selective Search for Object Detection* (*C++ / Python*)。

候选区域算法的关键是它只计算图像中有限数量的边框，而其数量远小于滑动窗口算法所建议的数量。这使得图像中的这些边框可以应用到第一种 R-CNN 以及基于区域的卷积神经网络。候选区域算法的工作原理如下：

（1）在图像中，用候选区域算法在图像中找到几百到几千个感兴趣的区域；

（2）用卷积神经网络处理每个感兴趣的区域，以便创建每个区域的特征；

（3）采用支持向量机及线性回归模型，根据特征对区域进行分类，以计算更精确的边框。

由 R-CNN 演变而来的 Faster R-CNN 使事情进展得更加迅速，原因如下。

（1）它用 CNN 一次处理所有图像、变换图像，并将候选区域算法应用于变换。这使得 CNN 需要处理的区域从数千个减至一个。

（2）它用 Softmax 层和线性分类器而非支持向量机进行分类，从而可以轻而易举地扩展 CNN，而不是将数据传入另一个模型。

本质上，通过使用 Faster R-CNN，我们可以再次创建一个以特殊的过滤和选择层（候选区域层）为特征的基于非神经网络算法的单一分类网络。Faster R-CNN 甚至改变了这一层，即用候选区域神经网络取而代之。这使得模型更加复杂，但也比以往的方法速度更快、效果更好。

无论如何，R-FCN 比 Faster R-CNN 更快，因为它是全卷积网络，在卷积层之后不使用任何全连接层。R-FCN 是从输入到输出通过卷积连接的端对端的网络，这也让它的速度更

快（相比最后一层是全连接层的 CNN，R-FCN 拥有的权重数量更少）。然而，这种速度的提升是需要代价的，R-FCN 不再表征图像的不变性（卷积神经网络可以识别物体的类别，无论物体是否经过旋转）。Faster R-CNN 通过位置敏感得分地图（position-sensitive score map）来弥补这一缺陷，这是一种检查 FCN 处理的原始图像区域是否对应于要分类区域的方法。简而言之，Faster R-CNN 不需要比较类的全部，而是比较类的一部分，例如，不把图像中的狗分类，而是分为左上部分、右下部分等区域。我们通过这种方法可以判断图像的某个部分是否有狗，而不必考虑狗在图像中所朝向的方向。显然，这种快速的方法是以较低的精度为代价的，因为位置敏感得分地图无法补充原始的卷积神经网络提取的所有特征。

最后我们介绍一下 SSD。SSD 的速度更快，因为它在处理图像的同时还会预测边框位置及其分类。SSD 通过忽略候选区域阶段来计算大量的边框。尽管它减少了重叠边框，但仍然是目前所提到的模型中需要处理最多边框的模型。SSD 速度快的原因在于，它在寻找边框的同时进行分类，即一次完成所有任务。虽然执行方式相差无几，但是 SSD 的速度最快。

综上所述，为了选择模型，你必须考虑在分类能力、网络复杂度和不同的检测模型中结合不同的卷积神经网络结构，以便确定模型对目标的识别能力，对目标进行正确分类，并能及时完成识别和分类工作。

如果你希望对上述模型的速度和精度有更多的了解，可以参考论文 *Speed/accuracy trade-offs for modern convolutional object detectors*。这篇论文发表在由电子电气工程师学会（Institute of Electrical and Electronics Engineers，IEEE）举办的国际计算机视觉与模式识别会议（Conference on Computer Vision and Pattern Recognition，CVPR）上，由 Huang J、Rathod V、Sun C、Zhu M、Korattikara A、Fathi A、Fischer I、Wojna Z、Song Y、Guadarrama S 和 Murphy K 等共同编写。我们建议你自己动手实践，评估各种模型的性能是否够好、执行的时间是否合理。这是一个需要加以权衡的问题，你必须为自己的应用做出最好的决定。

2.3　展示项目计划

基于 TensorFlow 提供的强大工具，我们可以利用其 API 创建一个类，这样可以用可见方式在外部文件中标注图像。标注的目标如下：

（1）指出图像中的目标物体（如在 MS COCO 上训练模型所识别的那样）；

（2）返回目标物体识别中的置信水平（只考虑置信水平于最小概率阈值的目标物体，依据之前提到的论文 *Speed/accuracy trade-offs for modern convolutional object detectors*，我们将阈值设置为 0.25）；

（3）输出每个图像边框两个相对顶点的坐标；

（4）将上述所有信息存储为 JSON 格式的文件；

（5）如有需要，在原始图像上对边框进行可视化。

为了实现这些目标，我们需要做如下工作：

（1）下载一个预先训练过的模型（可找到.pb 格式，即 protobuf 格式的模型），并将其作为 TensorFlow 会话放在内存中；

（2）重新编写 TensorFlow 提供的帮助代码，以便更容易地将标签、类别和可视化工具加载到一个易于导入脚本的类中；

（3）准备一个简单的脚本，来演示其对单个图像、视频和用网络摄像头拍摄的视频的使用方法。

我们先来搭建一个合适的开发环境。

2.3.1 为项目搭建合适的开发环境

我们强烈建议你安装 Anaconda 的软件包管理器 conda（也是环境管理器），并为项目搭建一个单独的开发环境。如果你的操作系统中的 conda 可用，则可以执行以下命令：

```
conda create -n TensorFlow_api python=3.5 numpy pillow
activate TensorFlow_api
```

激活开发环境后，通过 pip install 命令或 conda install 命令指向其他库（menpo、conda-forge 等），安装其他一些软件包：

```
pip install TensorFlow-gpu
conda install -c menpo opencv
conda install -c conda-forge imageio
pip install tqdm, moviepy
```

如果你想用其他方式运行本项目，则需要安装 NumPy、Pillow、TensorFlow、OpenCV、Imageio、tqdm 和 moviepy 等，以便成功运行。

我们还需要为项目创建目录，并将其保存在 TensorFlow 的目标检测 API 项目的 object_detection 路径下。

你可以用 git 命令简单地获取整个 TensorFlow 模型项目，并有选择地下载其目录。如果 Git 版本是 1.7.0 及以上，则可以执行下面的命令：

```
mkdir api_project
cd api_project
git init
git remote add -f origin *****://github****/tensorFlow/models.git
```

上述代码可以获取 TensorFlow 模型项目中的所有内容，但不会进行校验。请继续执行以下命令：

```
git config core.sparseCheckout true
echo "research/object_detection/*" >>.git/info/sparse-checkout
git pull origin master
```

现在，文件系统中只有 `object_detection` 目录及其经过校验的内容，而没有其他目录或文件。

注意，项目需要访问 `object_detection` 目录，因此必须保证项目脚本存储在同一目录下。为了在其他项目中也能使用此脚本，你需要使用绝对路径来访问它。

2.3.2　protobuf 编译

TensorFlow 的目标检测 API 采用 protobuf（协议缓冲），这是谷歌公司的数据交换格式（https://exl.ptpress.cn:8442/ex/1/75b3ab94），以配置模型及其训练参数。在使用框架前，你必须编译 protobuf。如果使用的是 UNIX（Linux 或 macOS）或 Windows 操作系统，则编译时需要采用不同的步骤。

1．Windows 系统中的安装

首先，在 https://exl.ptpress.cn:8442/ex/1/75b3ab94 上找到 `protoc-3.2.0-win32.zip/*`（下文文件名的版本都是 3.4.0，因此这里应该是 `protoc-3.4.0-win32.zip`）*/，下载后解压到项目文件夹。现在，你应该有了一个新的 `protoc-3.4.0-win32` 文件夹，其中包含 `readme.txt` 和两个目录（`bin` 和 `include`）。这个文件夹包含协议缓冲编译器（`protoc`）的预编译二进制版本。你只需要把 `protoc-3.4.0-win32` 的路径添加到系统路径。

把路径添加到系统路径后，执行以下命令：

```
protoc-3.4.0-win32/bin/protoc.exe object_detection/protos/*.proto --python_out=.
```

这样，TensoFlow 的目标检测 API 就可以在计算机上运行了。

2．UNIX 系统中的安装

对于 UNIX 系统，安装过程可以使用 shell 命令完成。

2.4　准备项目代码

我们开始在 `tensorflow_detection.py` 中编写项目脚本，首先加载必要的软件包：

```
import os
import numpy as np
```

```
import TensorFlow as tf
import six.moves.urllib as urllib
import tarfile
from PIL import Image
from tqdm import tqdm
from time import gmtime, strftime
import json
import cv2
```

要处理视频，除 OpenCV 3 之外，你还需要用到 moviepy 软件包。moviepy 是一个开源项目，它的许可证来自麻省理工学院。这是一个用于视频编辑（剪切、合并、插入标题）、视频合成（非线性编辑）、视频处理或创建高级效果的工具。

moviepy 软件包可以处理大多数常见的视频格式，包括 GIF 格式。你需要使用 FFmpeg 转换器，才能正常运行 moviepy。因此在首次使用时它会启动失败，然后使用 imageio 下载 FFmpeg 作为插件：

```
try:
    from moviepy.editor import VideoFileClip
except:
    # If FFmpeg is not found
    # on the computer, it will be downloaded from Internet
    # (an Internet connect is needed)
    import imageio
    imageio.plugins.ffmpeg.download()
    from moviepy.editor import VideoFileClip
```

最后，需要用到两个有用的函数（在 TensorFlow 的目标检测 API 项目的 object_detection 目录中），如下所示：

```
from object_detection.utils import label_map_util
from object_detection.utils import visualization_utils as vis_util
```

定义 DetectionObj 类和它的 init 程序。初始化该类时只需要一个参数和模型名（最初设置为性能较差但速度更快、更轻量级的模型，例如 SSD MobileNet），但可以更改一些内部参数以适合类的使用。

● self.TARGET_PATH 用于指出已处理的标注的存储目录。
● self.THRESHOLD 用于设置标注过程中需要注意的概率阈值。事实上，模型都会基于每幅图像输出很多低概率的检测结果。概率过低的检测结果通常是误警（false alarm）。因此，需要确定一个阈值，以便忽略这些并不可能的检测结果。根据经验，0.25 是一个很好的阈值，可以满足在目标物体几乎被完全遮挡或人的视觉混乱的情况下识别不确定的目标物体的需求。

```python
class DetectionObj(object):
    """
    DetectionObj is a class suitable to leverage
    Google TensorFlow detection API for image annotation from
    different sources: files, images acquired by own's webcam,
    videos.
    """

    def __init__(self, model='ssd_mobilenet_v1_coco_11_06_2017'):
        """
        The instructions to be run when the class is instantiated
        """

        # Path where the Python script is being run
        self.CURRENT_PATH = os.getcwd()

        # Path where to save the annotations (it can be modified)
        self.TARGET_PATH = self.CURRENT_PATH

        # Selection of pre-trained detection models
        # from the TensorFlow Model Zoo
        self.MODELS = ["ssd_mobilenet_v1_coco_11_06_2017",
                       "ssd_inception_v2_coco_11_06_2017",
                       "rfcn_resnet101_coco_11_06_2017",
                       "faster_rcnn_resnet101_coco_11_06_2017",
                       "faster_rcnn_inception_resnet_v2_atrous_\
                        coco_11_06_2017"]

        # Setting a threshold for detecting an object by the models
        self.THRESHOLD = 0.25 # Most used threshold in practice

        # Checking if the desired pre-trained detection model is available
        if model in self.MODELS:
            self.MODEL_NAME = model
        else:
            # Otherwise revert to a default model
            print("Model not available, reverted to default",self.MODELS[0])
            self.MODEL_NAME = self.MODELS[0]

        # The file name of the TensorFlow frozen model
        self.CKPT_FILE = os.path.join(self.CURRENT_PATH,'object_detection',
                                      self.MODEL_NAME,'frozen_inference_graph.pb')

        # Attempting loading the detection model,
```

```
    # if not available on disk, it will be
    # downloaded from Internet
    # (an Internet connection is required)
    try:
        self.DETECTION_GRAPH = self.load_frozen_model()
    except:
        print ('Couldn\'t find', self.MODEL_NAME)
        self.download_frozen_model()
        self.DETECTION_GRAPH = self.load_frozen_model()

    # Loading the labels of the classes recognized by the detection model
    self.NUM_CLASSES = 90
    path_to_labels = os.path.join(self.CURRENT_PATH,
                                   'object_detection', 'data',
                                    'mscoco_label_map.pbtxt')
    label_mapping = \
                label_map_util.load_labelmap(path_to_labels)
    extracted_categories = \
            label_map_util.convert_label_map_to_categories(
            label_mapping, max_num_classes=self.NUM_CLASSES,
                                    use_display_name=True)
    self.LABELS = {item['id']: item['name'] \
                    for item in extracted_categories}
    self.CATEGORY_INDEX = label_map_util.create_category_index\
(extracted_categories)


    # Starting the TensorFlow session
    self.TF_SESSION = tf.Session(graph=self.DETECTION_GRAPH)
```

self.LABELS 变量非常易于访问，它包含一个将类的数字代码与其文本表示形式相关联的字典。此外，init 程序会加载并打开 TensorFlow 会话，并准备用于 self.TF_SESSION 处。

load_frozen_model 和 download_frozen_model 这两个函数会帮助 init 程序从磁盘中加载选中的冻结模型。如果该模型不可访问，函数会从网上下载 TAR 格式的模型并将其解压到正确的目录（object_detection 目录）下：

```
def load_frozen_model(self):
    """
    Loading frozen detection model in ckpt
    file from disk to memory
    """

    detection_graph = tf.Graph()
```

```
with detection_graph.as_default():
    od_graph_def =  tf.GraphDef()
    with tf.gfile.GFile(self.CKPT_FILE, 'rb') as fid:
        serialized_graph = fid.read()
        od_graph_def.ParseFromString(serialized_graph)
        tf.import_graph_def(od_graph_def, name='')


return detection_graph
```

函数 download_frozen_model 使用了 tqdm 包，从而使新模型的下载进度可视化。有些新模型相当大（超过 600MB），可能需要很长的下载时间。给出有关进度和预估完成时间的可视图能让用户对操作的进展更有信心。代码如下：

```
def download_frozen_model(self):
    """
    Downloading frozen detection model from Internet
    when not available on disk
    """
    def my_hook(t):
        """
        Wrapping tqdm instance in order to monitor URLopener
        """
        last_b = [0]

        def inner(b=1, bsize=1, tsize=None):
            if tsize is not None:
                t.total = tsize
            t.update((b_last_b[0]) * bsize)
            last_b[0] = b
        return inner

    # Opening the url where to find the model
    model_filename = self.MODEL_NAME + '.tar.gz'
    download_url = \
        ******download.tensorFlow.org/models/object_detection/'
    opener = urllib.request.URLopener()

    # Downloading the model with tqdm estimations of completion
    print('Downloading...')
    with tqdm() as t:
        opener.retrieve(download_url + model_filename,
                        model_filename, reporthook=my_hook(t))

    # Extracting the model from the downloaded tar file
    print ('Extracting...')
```

```
tar_file = tarfile.open(model_filename)
for file in tar_file.getmembers():
        file_name = os.path.basename(file.name)
        if 'frozen_inference_graph.pb' in file_name:
            tar_file.extract(file,
                os.path.join(self.CURRENT_PATH,
                            'object_detection'))
```

下面的两个函数 `load_image_from_disk` 和 `load_image_into_numpy_array` 用于从磁盘中选择图像，并将其转化为适合被本项目中可用的任何 TensorFlow 模型处理的 NumPy 数组：

```
def load_image_from_disk(self, image_path):
    return Image.open(image_path)

def load_image_into_numpy_array(self, image):
    try:
        (im_width, im_height) = image.size
        return np.array(image.getdata()).reshape( (im_height, im_width, 3)).astype(np.uint8)
    except:
        # If the previous procedure fails, we expect the
        # image is already a Numpy ndarray
        return image
```

`detect` 函数将图像列表作为参数，是类的分类功能的核心。布尔型参数 `annotate_on_image` 可以控制脚本是否在给出的图像上可视化边框和标注。

`detect` 函数可以逐一处理不同大小的图像，但是一次只能处理一幅图像。因此，该函数读取每幅图像，并通过增加一个新的维度来扩展数组的维度。这一过程是必要的，因为模型希望数组满足"图像的数量×高度×宽度×深度"的大小。

注意，我们可以将所有待预测的批处理图像封装成一个矩阵，以使 `detect` 函数可以很好地工作。如果所有图像的高度和宽度相同，处理的速度会更快。但是，本书的项目不满足这样的假设，因此 `detect` 函数需要逐一处理图像。

然后，我们在模型中按照名称提取张量（`detection_boxes`、`detection_scores`、`detection_classes` 和 `num_detections`）——这些张量就是我们期望从模型中得到的输出，同时将所有内容传递到输入张量（`image_tensor`），以便对图像进行归一化处理，使其适合模型中每一层的处理。

我们将结果收集到一个列表中，使用检测框对图像进行处理，并在需要时进行展示：

```
def detect(self, images, annotate_on_image=True):
    """
```

```
Processing a list of images, feeding it
into the detection model and getting from it scores,
bounding boxes and predicted classes present
in the images
"""
if type(images) is not list:
        images = [images]
results = list()
for image in images:
    # the array based representation of the image will
    # be used later in order to prepare the resulting
    # image with boxes and labels on it.
    image_np = self.load_image_into_numpy_array(image)

    # Expand dimensions since the model expects images
    # to have shape: [1, None, None, 3]
    image_np_expanded = np.expand_dims(image_np, axis=0)
    image_tensor = \
        self.DETECTION_GRAPH.get_tensor_by_name('image_tensor:0')

    # Each box represents a part of the image where a
    # particular object was detected.
    boxes = self.DETECTION_GRAPH.get_tensor_by_name('detection_boxes:0')

    # Each score represent how level of confidence
    # for each of the objects.Score could be shown
    # on the result image, together with the class label.
    scores = self.DETECTION_GRAPH.get_tensor_by_name('detection_scores:0')
    classes = self.DETECTION_GRAPH.get_tensor_by_name('detection_classes:0')
    num_detections =
        self.DETECTION_GRAPH.get_tensor_by_name('num_detections:0')

    # Actual detection happens here
    (boxes, scores, classes, num_detections) = \
            self.TF_SESSION.run(
            [boxes, scores, classes, num_detections],
            feed_dict={image_tensor: image_np_expanded})

    if annotate_on_image:
        new_image = self.detection_on_image(
                        image_np, boxes, scores, classes)
    results.append((new_image, boxes,
                    scores, classes, num_detections))
```

```
            else:
                results.append((image_np, boxes,
                               scores, classes, num_detections))
            return results
```

函数 detection_on_image 只处理 detect 函数的结果，返回一幅带边框的新图像，并通过 visualize_image 函数（你可以调整延迟参数，该参数对应着脚本处理另一幅图像之前当前图像在屏幕上停留的秒数）将其显示在屏幕上。

```
def detection_on_image(self, image_np, boxes, scores, classes):
    """
    Put detection boxes on the images over
    the detected classes
    """
    vis_util.visualize_boxes_and_labels_on_image_array(
        image_np,
        np.squeeze(boxes),
        np.squeeze(classes).astype(np.int32),
        np.squeeze(scores),
        self.CATEGORY_INDEX,
        use_normalized_coordinates=True,
        line_thickness=8)
    return image_np
```

函数 visualize_image 提供了一些可以修改的参数，以便满足项目中的特殊需求。首先，image_size 提供了屏幕上显示图像所需的尺寸，可用于调整过大或过小的图像，以便和要求的尺寸相近。延迟参数 latency 定义了每幅图像在屏幕上显示的时间（以 s 为单位），从而在处理下一幅图像之前锁定目标检测过程。最后，bluish_correction 用于指定图像为 **BGR** 格式（在这种格式中，颜色通道按**蓝、绿、红**的顺序组织，这是 OpenCV 库的标准，详见 *Why OpenCV Using BGR Colour Space Instead of RGB*）而非 **RGB** 格式（颜色通道按"红、绿、蓝"的顺序组织）时要应用的校正。模型需要的图像是 RGB 格式的。

```
def visualize_image(self, image_np, image_size=(400, 300),
                    latency=3, bluish_correction=True):
    height, width, depth = image_np.shape
    reshaper = height / float(image_size[0])
    width = int(width / reshaper)
    height = int(height / reshaper)
    id_img = 'preview_' + str(np.sum(image_np))
    cv2.startWindowThread()
    cv2.namedWindow(id_img, cv2.WINDOW_NORMAL)
    cv2.resizeWindow(id_img, width, height)
    if bluish_correction:
```

```
        RGB_img = cv2.cvtColor(image_np, cv2.COLOR_BGR2RGB)
        cv2.imshow(id_img, RGB_img)
    else:
        cv2.imshow(id_img, image_np)
    cv2.waitKey(latency*1000)
```

标注由 `serialize_annotations` 函数准备并写入磁盘。该函数为每幅图像创建一个 JSON 文件，其中的数据包括检测的类、边框的顶点和检测的置信度。例如，以下是对狗的图像进行检测的结果：

```
"{"scores": [0.9092628359794617], "classes": ["dog"], "boxes": [[0.025611668825149
536, 0.22220897674560547, 0.9930437803268433, 0.7734537720680237]]}"
```

JSON 文件指出了检测到的类，即狗（**dog**）、置信度（约为 **0.91**）以及边框的顶点，并给出了图像的高度和宽度（因此这是相对值，不是绝对的像素点）：

```
def serialize_annotations(self, boxes, scores, classes, filename='data.json'):
    """
    Saving annotations to disk, to a JSON file
    """
    threshold = self.THRESHOLD
    valid = [position for position, score in enumerate( scores[0]) if score >threshold]
    if len(valid) > 0:
        valid_scores = scores[0][valid].tolist()
        valid_boxes = boxes[0][valid].tolist()
        valid_class = [self.LABELS[int(a_class)] for a_class in classes[0][valid]]
        with open(filename, 'w') as outfile:
            json_data = {'classes': valid_class,
                'boxes':valid_boxes,'scores': valid_scores})
            json.dump(json_data, outfile)
```

函数 `get_time` 可以便捷地将真实时间转换为可用于文件名的字符串：

```
def get_time(self):
    """
    Returning a string reporting the actual date and time
    """
    return strftime("%Y-%m-%d_%Hh%Mm%Ss", gmtime())
```

最后，准备 3 个检测渠道，分别用于处理图像、视频和网络摄像头。图像的检测渠道把每幅图像加载到一个列表中。视频的检测渠道使 moviepy 中的 VideoFileClip 模块在简单地通过 detect 函数之后完成大量操作并被封装在 annotate_photogram 函数中。最后，网络摄像头快照的渠道依赖于简单的 capture_webcam 函数。该函数基于 OpenCV 的 VideoCapture，记录网络摄像头返回的最后一些快照（该操作考虑到了网络摄像头适应环境光线所需的必要时间）：

```python
def annotate_photogram(self, photogram):
    """
    Annotating a video's photogram with bounding boxes
    over detected classes
    """
    new_photogram, boxes, scores, classes, num_detections = self.detect(photogram)[0]
    return new_photogram
```

capture_webcam 函数利用 cv2.VideoCapture 的功能从网络摄像头获取图像。由于网络摄像头需要先适应拍照的环境光线，因此将拍摄图像用于目标检测程序之前，该函数会丢弃一些初始镜头。这样，网络摄像头就可以随时调节光线设置：

```python
def capture_webcam(self):
    """

    Capturing an image from the integrated webcam
    """
    def get_image(device):
        """
        Internal function to capture a single image
        from the camera and return it in PIL format
        """

        retval, im = device.read()
        return im

    # Setting the integrated webcam
    camera_port = 0

    # Number of frames to discard as the camera
    # adjusts to the surrounding lights
    ramp_frames = 30

    # Initializing the webcam by cv2.VideoCapture
    camera = cv2.VideoCapture(camera_port)

    # Ramping the camera_all these frames will be
    # discarded as the camera adjust to the right light levels
    print("Setting the webcam")
    for i in range(ramp_frames):
        _ = get_image(camera)

    # Taking the snapshot
```

```
print("Now taking a snapshot...", end='')
camera_capture = get_image(camera)
print('Done')

# releasing the camera and making it reusable
del (camera)
return camera_capture
```

file_pipeline 函数涉及从存储文件中加载图像并对其进行可视化或标注所需的所有步骤：

（1）从存储文件中载入图像；

（2）对已加载的图像进行目标检测；

（3）将每幅图像的标注结果写入 JSON 文件；

（4）如果布尔参数 visualize 为真，则在计算机屏幕上显示图像及其边框。

```
def file_pipeline(self, images, visualize=True):
    """
    A pipeline for processing and annotating lists of
    images to load from disk
    """
    if type(images) is not list:
        images = [images]
    for filename in images:
        single_image = self.load_image_from_disk(filename)
        for new_image, boxes, scores, classes, num_detections in self.detect(single_image):
            self.serialize_annotations(boxes, scores, classes,
                                       filename=filename + ".json")
            if visualize:
                self.visualize_image(new_image)
```

video_pipeline 函数会整合所有必要的步骤，用边框标注视频，并在完成这一操作后将其存入磁盘：

```
def video_pipeline(self, video, audio=False):
    """
    A pipeline to process a video on disk and annotating it
    by bounding box.The output is a new annotated video.
    """
    clip = VideoFileClip(video)
    new_video = video.split('/')
    new_video[-1] = "annotated_" + new_video[-1]
    new_video = '/'.join(new_video)
    print("Saving annotated video to", new_video)
    video_annotation = clip.fl_image(self.annotate_photogram)
    video_annotation.write_videofile(new_video, audio=audio)
```

如果需要标注从网络摄像头获取的图像，那么可以使用 webcam_pipeline 函数。该函数可用于完成如下步骤。

（1）从网络摄像头捕获图像；将捕获的图像存入存储文件（使用 cv2.imwrite，它具有基于目标文件名实现不同图像格式的优点）；

（2）对图像进行目标检测；

（3）将标注好的图像保存为 JSON 文件；

（4）显示图像及其边框。

```python
def webcam_pipeline(self):
    """
    A pipeline to process an image acquired by the internal webcam
    and annotate it, saving a JSON file to disk
    """
    webcam_image = self.capture_webcam()
    filename = "webcam_" + self.get_time()
    saving_path = os.path.join(self.CURRENT_PATH, filename + ".jpg")
    cv2.imwrite(saving_path, webcam_image)
    new_image, boxes, scores, classes, num_detections = \
                                self.detect(webcam_image)[0]
    json_obj = {'classes': classes, 'boxes':boxes, 'scores':scores}
    self.serialize_annotations(boxes, scores, classes, filename=filename+".json")
    self.visualize_image(new_image, bluish_correction=False)
```

2.4.1 一些简单应用

作为代码配置的最后一部分，我们在本节只演示 3 个简单的测试脚本——它们分别使用项目中文件、视频和网络摄像头这 3 种不同的数据源。

第一个测试脚本的目标是从本地目录导入 DetectionObj 类之后对 3 幅图像进行标注和可视化。（如果在其他目录操作，则会出现无法导入的情况，除非将项目目录添加到 Python 路径中。）

要将目录添加到脚本中的 Python 路径，只需将 sys.path.insert 命令放在需要访问该目录的脚本部分之前：

```python
import sys
sys.path.insert(0,'/path/to/directory')
```

请激活类，并使用 SSD MobileNet v1 模型声明它。之后，必须将每幅图像的路径放入

列表并将其传递给 `file_pipeline` 函数：

```
from TensorFlow_detection import DetectionObj
if__name__ == "__main__":
    detection = DetectionObj(model='ssd_mobilenet_v1_coco_11_06_2017')
    images = ["./sample_images/intersection.jpg",
              "./sample_images/busy_street.jpg",
"./sample_images/doge.jpg"]
    detection.file_pipeline(images)
```

所接收到的检测结果已被放在交叉路口图像上，并返回了另一幅图像，这幅图像显示了带有足够置信度的物体的边框。此处置信度以百分比形式显示。SSD MobileNet v1 模型在交叉路口图像上的目标检测如图 2-3 所示。

图 2-3

运行第一个脚本之后，3 幅图像及其标注会显示在屏幕上（每一幅图像显示 3s）。一个新的 JSON 文件（存储在目标目录。如果没有修改类变量 TARGET_CLASS，则目标目录为本地目录）会被存入存储文件。

在可视化图像中，我们可以看到与预测的置信度高于 0.5（50%）的物体相关的所有边框。即便如此，在这幅带有标注的交叉路口图像（见图 2-3）中，模型并不能发现所有汽车和行人。

通过检查 JSON 文件，我们发现还有其他汽车和行人已被模型发现，尽管它们的置信度较低。在文件中，我们可以看到所有检测到的物体至少有 0.25 的置信度。0.25 是很多目标检测研究中常用的一个阈值（可以通过修改类变量 THRESHOLD 更改）。

我们可以看到 JSON 文件中生成的置信度。只有 8 个检测到的物体的置信度高于可视化阈值 0.5，其他 16 个物体的置信度较低：

```
"scores": [0.9099398255348206, 0.8124723434448242, 0.7853631973266602,
0.709653913974762, 0.5999227166175842, 0.5942907929420471,
0.5858771800994873, 0.5656214952468872,0.49047672748565674,
0.4781857430934906, 0.4467884600162506, 0.4043623208999634,
0.40048354864120483,0.38961756229400635, 0.35605812072753906,
0.3488095998764038, 0.3194449841976166, 0.3000411093235016,
0.294520765542984, 0.2912806570529938, 0.2889115810394287,
0.2781482934951782, 0.2767323851585388, 0.2747304439544678]
```

我们还可以找到检测到的物体对应的类。很多检测到的汽车的置信度较低。事实上，它们有可能是图像中的其他汽车，也可能是误判。结合目标检测 API，我们可能需要调整阈值或使用其他模型，并且仅当物体已被较高阈值的不同模型重复检测到时才对物体进行判断：

```
"classes": ["car", "person", "person", "person", "person", "car", "car", "person",
 "person", "person", "person", "person", "person", "person", "car", "car", "person", "
person", "car", "car", "person", "car", "car", "car"]
```

对视频的检测采用同样的脚本。这次我们只需指出合适的函数（video_pipeline）和视频的路径，并设置生成的视频是否需要音频（默认情况下，音频将被过滤）。脚本将自行执行所有操作，并把一个经过修改和标注的视频保存在与原始视频相同的目录下，这样可以很快找到已标注的视频，因为其原有文件名前加上了"annotated_"字符：

```
from TensorFlow_detection import DetectionObj
if __name__ == "__main__":
  detection = DetectionObj(model='ssd_mobilenet_v1_coco_11_06_2017')
  detection.video_pipeline(video="./sample_videos/ducks.mp4", audio=False)
```

最后你可以将这个方法用于从网络摄像头获取的快照，这次使用 webcam_pipeline 函数：

```
from TensorFlow_detection import DetectionObj
if __name__ == "__main__":
  detection = DetectionObj(model='ssd_mobilenet_v1_coco_11_06_2017')
  detection.webcam_pipeline()
```

这个脚本会激活网络摄像头、使其适应光线、选择快照，将生成的快照及其标注 JSON 文件保存到当前目录中，并最终将快照和检测到的目标物体的边框显示在屏幕上。

2.4.2 网络摄像头实时检测

目前的 webcam_pipeline 函数并不能实时检测目标，因为它只能获取快照并应用检测程序来处理拍摄的单幅图像。这是必要的限制，因为处理网络摄像头的数据流需要密集的 I/O 数据交换。具体来说，主要问题在于从网络摄像头传输到 Python 解释器的图像队列，该解释器会锁定 Python 直到传输完成。Adrian Rosebrock 提出了一个基于线程的简单解决方案。如果你对此感兴趣，可以登录其个人网站查看相关内容。

在 Python 中，由于有**全局解释器锁**（Global Interpreter Lock，GIL），同一时间只能执行一个线程。如果存在某些阻塞 I/O 操作的线程（例如下载文件或从网络摄像头获取图像），则所有剩余的命令会因此而延迟，从而导致程序本身执行得非常缓慢。将阻塞的 I/O 操作转移到另一个线程是一个很好的解决方案。由于线程共享相同的内存，程序线程可以继续执行它的指令和不断地查询 I/O 线程，以检查其是否已经完成操作。如果将图像从网络摄像头转移到程序的内存是一个阻塞操作，那么让另一个线程处理 I/O 操作或许是一种解决方法。主程序只需查询 I/O 线程，从只包含最近接收的图像的缓存中选择图像并将其显示在计算机屏幕上。

```python
from TensorFlow_detection import DetectionObj
from threading import Thread
import cv2

def resize(image, new_width=None, new_height=None):
    """
    Resize an image based on a new width or new height
    keeping the original ratio
    """
    height, width, depth = image.shape
    if new_width:
        new_height = int((new_width / float(width)) * height)
    elif new_height:
        new_width = int((new_height / float(height)) * width)
    else:
        return image
    return cv2.resize(image, (new_width, new_height),\
                      interpolation=cv2.INTER_AREA)


class webcamStream:
    def __init__(self):
```

```
    # Initialize webcam
    self.stream = cv2.VideoCapture(0)
    # Starting TensorFlow API with SSD Mobilenet
    self.detection = DetectionObj(model=\
                'ssd_mobilenet_v1_coco_11_06_2017')
    # Start capturing video so the webcam will tune itself
    _, self.frame = self.stream.read()
    # Set the stop flag to False
    self.stop = False
    #
    Thread(target=self.refresh, args=()).start()

def refresh(self):
    # Looping until an explicit stop is sent
    # from outside the function
    while True:
        if self.stop:
            return
        _, self.frame = self.stream.read()

def get(self):
    # returning the annotated image
    return self.detection.annotate_photogram(self.frame)

def halt(self):
    # setting the halt flag
    self.stop = True

if __name__ == "__main__":
    stream = webcamStream()
    while True:
        # Grabbing the frame from the threaded video stream
        # and resize it to have a maximum width of 400 pixels
        frame = resize(stream.get(), new_width=400)
        cv2.imshow("webcam", frame)
        # If the space bar is hit, the program will stop
        if cv2.waitKey(1) & 0xFF == ord(" "):
            # First stopping the streaming thread
            stream.halt()
            # Then halting the while loop
            break
```

上述代码用 webcamStream 类来解决前面的问题。webcamStream 类为网络摄像头的 I/O 操作实例化了一个线程,允许 Python 主程序始终有由 TensorFlow 的目标检测 API(使用

`ssd_mobilenet_v1_coco_11_06_2017`）处理的最新接收的图像。处理后的图像会通过 OpenCV 的函数全部显示在屏幕上，按空格键可令程序终止。

2.5　致谢

此项目的所有相关内容源于论文 *Speed/accuracy trade-offs for modern convolutional object detectors*。这篇论文的作者是 Huang J、Rathod V、Sun C、Zhu M、Korattikara A、Fathi A、Fischer I、Wojna Z、Song Y、Guadarrama S 和 Murphy K。这篇论文于 2017 年在 CVPR 上发表。

感谢 TensorFlow 目标检测 API 的所有开发者：Jonathan Huang、Vivek Rathod、Derek Chow、Chen Sun、Menglong Zhu、Matthew Tang、Anoop Korattikara、Alireza Fathi、Ian Fischer、Zbigniew Wojna、Yang Song、Sergio Guadarrama、Jasper Uijlings、Viacheslav Kovalevskyi、Kevin Murphy。感谢他们实现了如此经典的 API 并将其开源。

还要感谢 Dat Tran，他在媒体上发表了两篇 MIT 授权的关于"如何使用 TensorFlow 的目标检测 API 进行实时识别（甚至可以定制化识别）"的文章，让我们深受启发并有了灵感。

2.6　小结

这个项目可以帮助我们轻松、快速地开始对图像中的目标物体加以分类，同时帮助我们更多地了解卷积神经网络在解决实际问题中起到的作用，也可以让我们更关注问题本身（可能是更大规模的应用），并且标注更多的图像，以便用选定的类中的新图像训练更多的卷积神经网络。

在这个项目中，你可以学到图像处理过程中的很多常用技巧。首先，你现在已经知道如何处理来自图像、视频和用网络摄像头获取的图像的不同类型的输入，以及如何加载一个冻结模型并使其工作和使用类访问 TensorFlow 模型。

这个项目还有一些限制，而这可能会激励你整合代码，使其发挥更大的作用。我们讨论过的模型很快会被更新的、更高效的模型所超越。你需要合并新模型或创造自己的模型，还需要结合模型以达到自己项目所需要的准确率（论文 *Speed/accuracy trade-offs for modern convolutional object detectors* 揭示了谷歌公司的研究员是如何实现这一目标的）。最后，你需要调节卷积神经网络去识别新的类。

我们将在第 3 章介绍图像领域先进的目标检测技术——图像的描述生成。我们会设计一个项目，引导你对提交的图像做出完整的描述和说明，而不仅是简单地标注标签和边框。

第 3 章 图像的描述生成

描述生成是深度学习领域中最重要的应用之一，近年来得到了广泛的关注。图像的描述生成模型涉及视觉信息和自然语言处理的结合。

本章主要包括以下内容：
- 描述生成领域的新进展；
- 描述生成是如何工作的；
- 描述生成模型的实现。

3.1 什么是描述生成

描述生成是指用自然语言来描述图像。在以前的研究中，描述生成模型使用目标检测模型以及生成文本的模板。随着深度学习的发展，这些模型已经被卷积神经网络和循环神经网络（Recurrent Neural Network，RNN）的组合所取代。图 3-1 所示的是描述生成的一个例子。

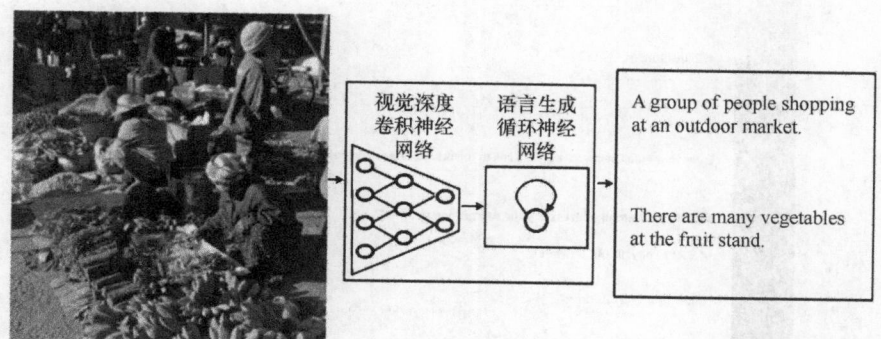

（引自 *Show and Tell: Lessons learned from the 2015 MSCOCO Image Captioning Challenge*）

图 3-1

有一些数据集可以帮助我们训练图像的描述生成模型。

3.2　探索图像描述数据集

　　有一些数据集可用于图像的描述生成任务。这些数据集通常是通过向几个人展示一幅图像，并要求他们每个人写一个关于该图像的句子，然后汇总这些句子得到的。通过这种方法，对于同一幅图像，我们可以得到多个描述，而多个描述选项有助于实现更好的概括。难点在于对模型性能的排序，最好由人评估每一代模型的描述质量。就这项任务来说，自动评估是较为困难的。我们首先研究一下 Flickr8 数据集。

下载数据集

　　Flickr8 是由 Flickr 收集的，虽然不允许用于商业用途，但是支持用户下载并自用。图像描述可以从伊利诺伊大学 Zea Mays 计算语言学中心的网站下载——需要分别下载文本和图像。你可通过填写图 3-2 所示的表格获得访问权限。

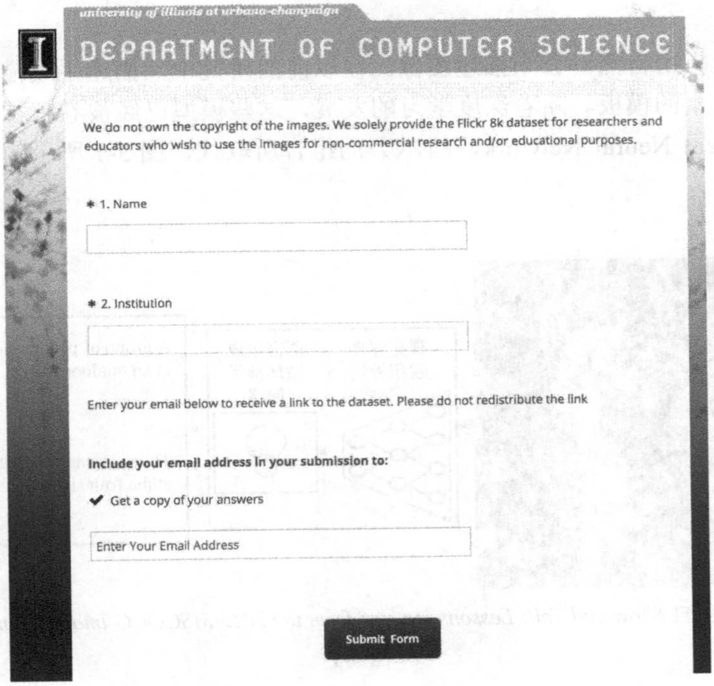

图 3-2

　　填写并提交表格之后，你会收到一封内含下载链接的电子邮件。下载并解压缩后，得到的文件如下所示：

```
Flickr8k_text
CrowdFlowerAnnotations.txt
Flickr_8k.devImages.txt
ExpertAnnotations.txt
Flickr_8k.testImages.txt
Flickr8k.lemma.token.txt
Flickr_8k.trainImages.txt
Flickr8k.token.txt readme.txt
```

Flickr8 数据集中的一个示例如图 3-3 所示。

图 3-3

图 3-3 对应的描述如下。

- A man in street racer armor is examining the tire of another racer's motor bike
- The two racers drove the white bike down the road
- Two motorists are riding along on their vehicle that is oddly designed and colored
- Two people are in a small race car driving by a green hill
- Two people in racing uniforms in a street car

图 3-4 所示的是另一个示例，所对应的描述如下。

- A man in a black hoodie and jeans skateboards down a railing
- A man skateboards down a steep railing next to some steps
- A person is sliding down a brick rail on a snowboard
- A person walks down the brick railing near a set of steps
- A snowboarder rides down a handrail without snow

可以看到，一幅图像对应多条描述，这也说明了图像描述生成任务的难度。

图 3-4

3.3　把单词转换为词嵌入

为了生成描述，我们必须把单词转换为词嵌入。词嵌入是文字或图像的向量或数字表示。如果将单词转换为向量形式，就可以用这些向量进行算术运算，这是很有用的方法。

词嵌入可以通过两种方法学习，如图 3-5 所示。

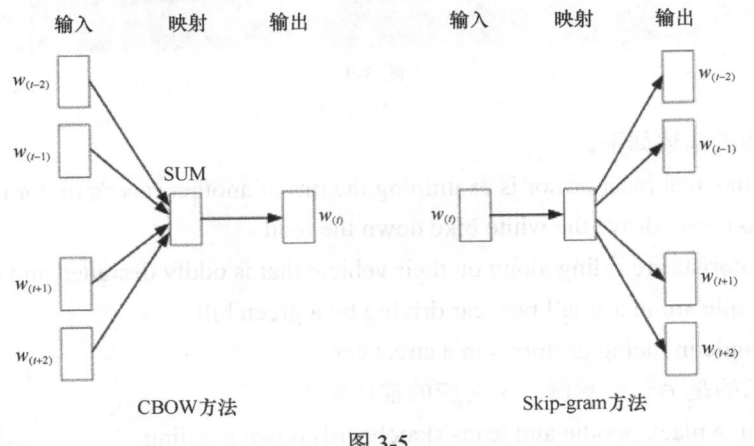

图 3-5

CBOW 方法通过给定周围单词来预测目标单词以学习词嵌入。**Skip-gram** 方法预测给定单词的周围单词，恰好与 **CBOW** 方法相反。根据上下文，我们可以对目标单词加以训练，如图 3-6 所示。

一旦训练结束，词嵌入的可视化效果如图 3-7 所示。

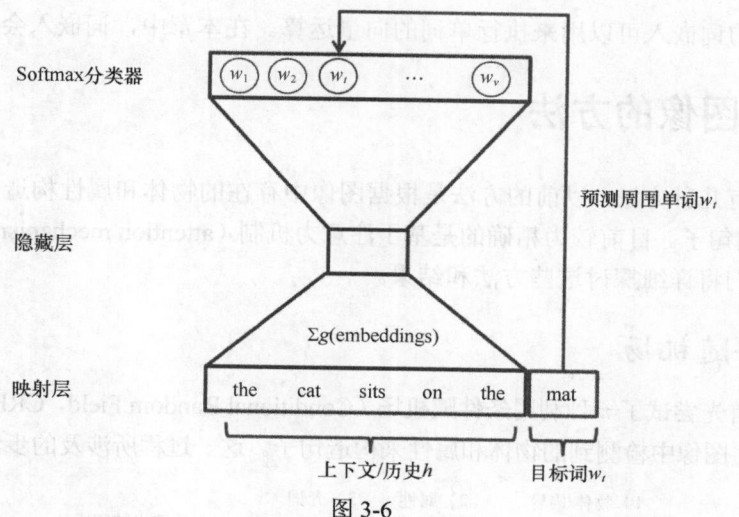

图 3-6

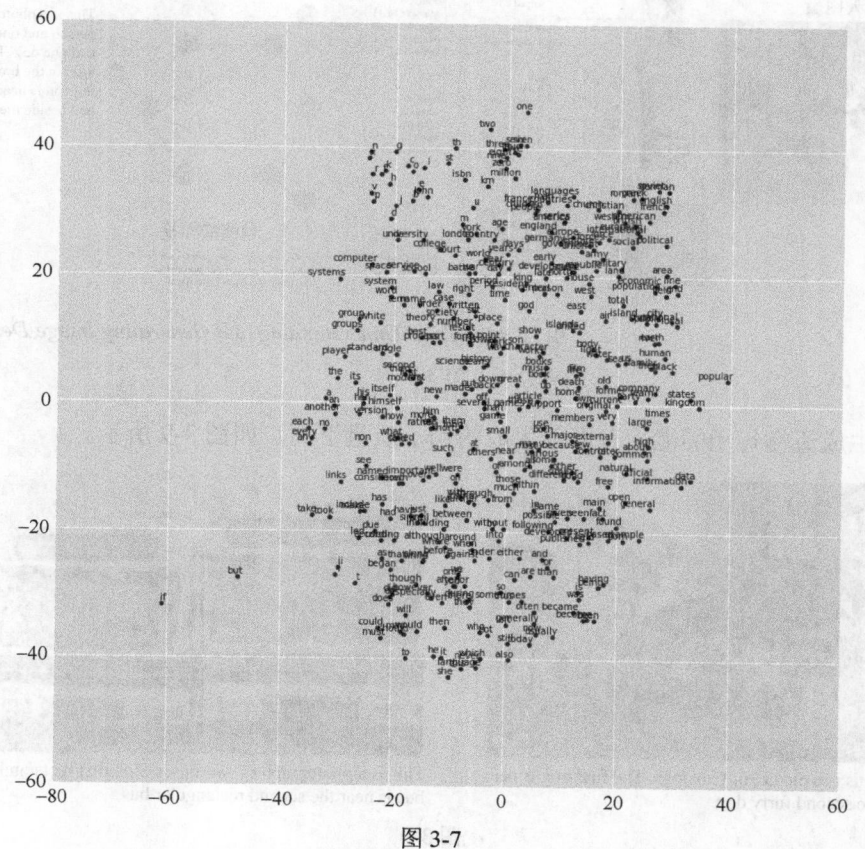

图 3-7

这种类型的词嵌入可以用来执行单词的向量运算。在本章中，词嵌入会非常有用。

3.4 描述图像的方法

描述图像有几种方法。以前的方法是根据图像中存在的物体和属性构造句子，后来则是利用 RNN 生成句子。目前较为精确的是基于注意力机制（attention mechanism）的描述方法。在本节中，我们将详细探讨这些方法和结果。

3.4.1 条件随机场

研究者们首先尝试了一种利用**条件随机场**（Conditional Random Field，CRF）构造句子的方法。该方法利用图像中检测到的物体和属性来构造句子。这一过程所涉及的步骤如图 3-8 所示。

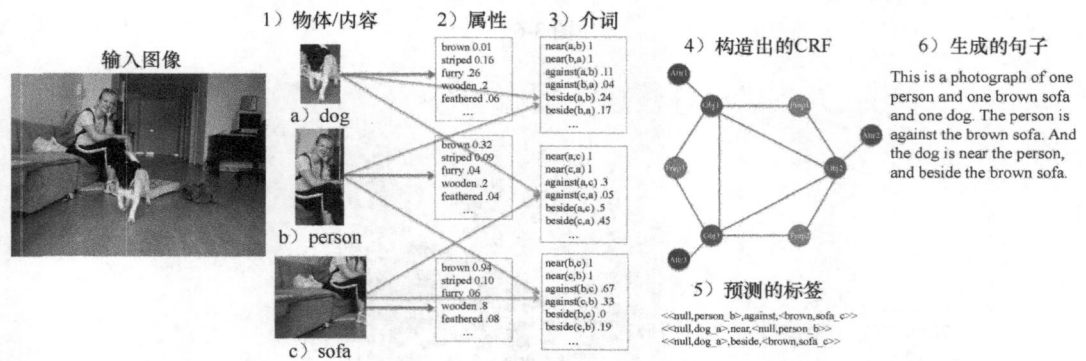

（引自 *Baby Talk: Understanding and Generating Image Descriptions*）

图 3-8

CRF 生成流畅句子的能力有限，生成的句子质量不高，如图 3-9 所示。

This is a picture of two dogs. The first dog is near the second furry dog.

This is a photograph of two buses. The first rectangular bus is near the second rectangular bus.

图 3-9

尽管对物体和属性的描述正确，但是这里生成的句子太结构化了。Kulkarni 等人在其论文中提出了一种从图像中找出物体和属性并利用 CRF 生成文本的方法。

3.4.2 基于卷积神经网络的循环神经网络

将循环神经网络与卷积神经网络的特征相结合，生成新的句子，这使得模型的端到端训练成为可能。基于卷积神经网络的循环神经网络的架构如图 3-10 所示。

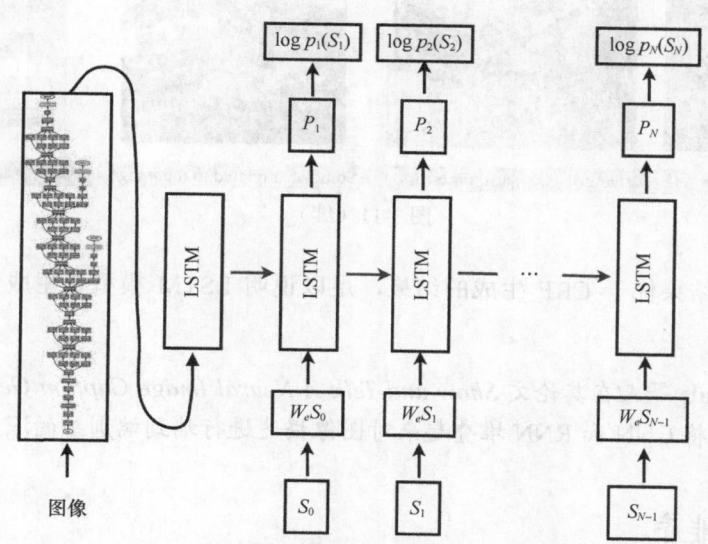

（LSTM 模型，引自 *Show and Tell: A Neural Image Caption Generator*）

图 3-10

上述架构使用多层长短期记忆（Long Short-Term Memory，LSTM）模型来生成所需的结果。部分结果如图 3-11 所示。

A person riding a motorcycle on a dirt road.

Two dogs play in the grass.

A skateboarder does a trick on a ramp.

A dog is jumping to catch a frisbee.

图 3-11

A group of young people playing a game of frisbee.　Two hockey players are fighting over the puck.　A little girl in a pink hat is blowing bubbles.　A refrigerator filled with lots of food and drinks.

A herd of elephants walking across a dry grass field.　A close up of a cat laying on a couch.　A red motorcycle parked on the side of the road.　A yellow school bus parked in a parking lot.

Describes without errors　Describes with minor errors　Somewhat related to the image　Unrelated to the image

图 3-11（续）

显然，这些结果优于 CRF 生成的结果，足以说明 LSTM 模型在生成句子方面的功能强大。

 Vinyals 等人在其论文 *Show and Tell: A Neural Image Caption Generator* 中建议通过将 CNN 和 RNN 堆叠起来对图像描述进行端到端训练的深度学习方法。

3.4.3　描述排序

描述排序是从一组描述中选择其中一个描述的一种有趣方式。首先，根据图像的特征对图像进行排序，并选择相应的描述，如图 3-12 所示。

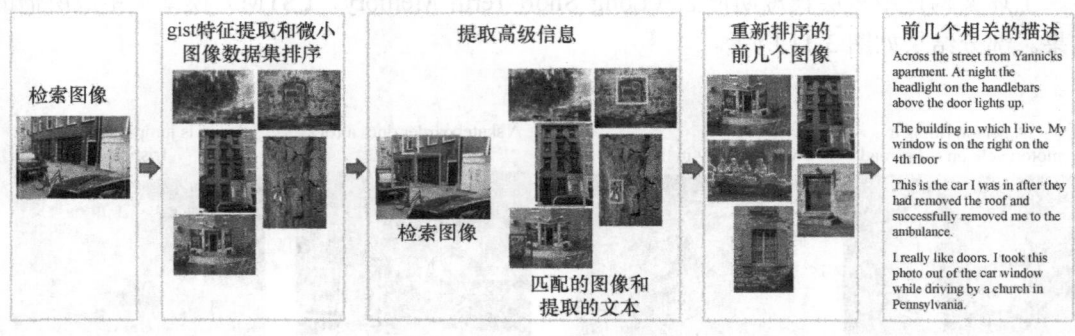

（引自 *Baby Talk: Understanding and Generating Image Descriptions*）

图 3-12

可以使用不同的属性集对以上图像重新排序。通过获得更多的图像，我们可以大幅提高数据集的质量，如图 3-13 所示。

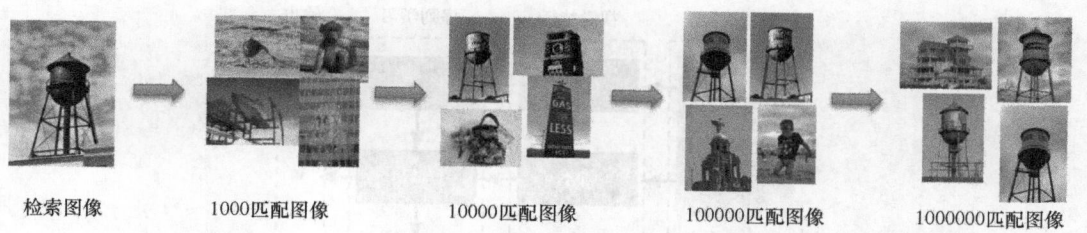

检索图像　　　1000匹配图像　　　10000匹配图像　　　100000匹配图像　　　1000000匹配图像

（引自 *Baby Talk: Understanding and Generating Image Descriptions*）

图 3-13

随着数据集中图像数量的增加，描述结果不断变好。

3.4.4　密集描述

密集描述是指一幅图像上存在多个描述的问题。该问题的处理架构如图 3-14 所示。

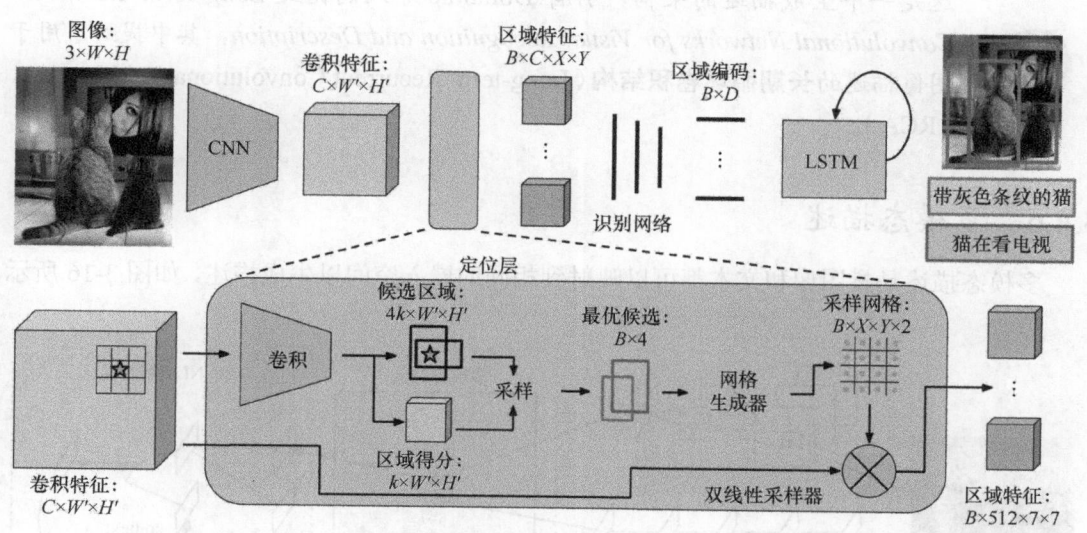

（引自 *DenseCap: Fully Convolutional Localization Networks for Dense Captioning*）

图 3-14

这种架构可以得到较优的效果。

3.4.5 循环神经网络描述

视觉特征可以与序列学习结合使用以形成输出，如图 3-15 所示。

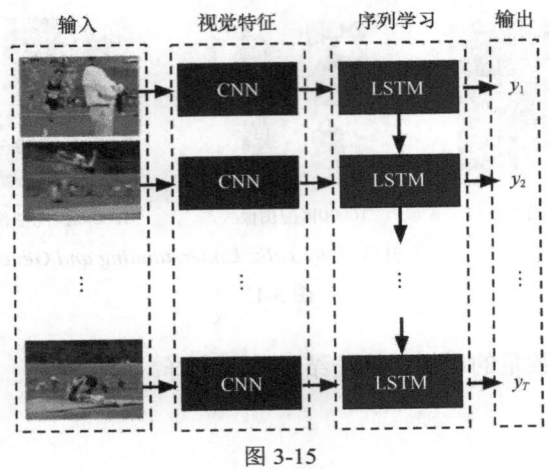

图 3-15

这是一个生成描述的架构，引自 Donahue 等人的论文 *Long-term Recurrent Convolutional Networks for Visual Recognition and Description*，其中提到了用于图像描述的**长期循环卷积结构**（Long-term Recurrent Convolutional Architecture，LRCA）。

3.4.6 多模态描述

多模态描述是指图像和文本都可以映射到相同的嵌入空间以生成描述，如图 3-16 所示。

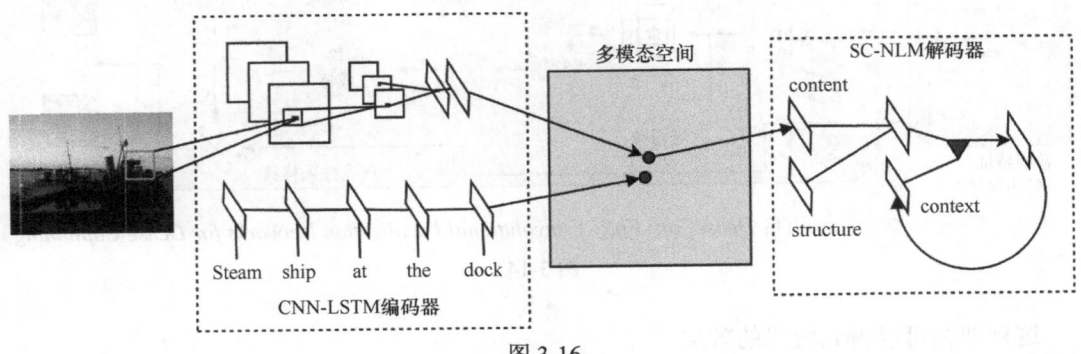

图 3-16

我们需要一个解码器来生成描述。

3.4.7 基于注意力机制的描述

基于**注意力机制**（attention mechanism）的图像描述方法参见 Xu 等人的论文 *Show, Attend and Tell: Neural Image Caption Generation with Visual Attention*。

基于注意力机制的描述近几年变得比较流行，因为它提供了更高的准确率，如图 3-17 所示。

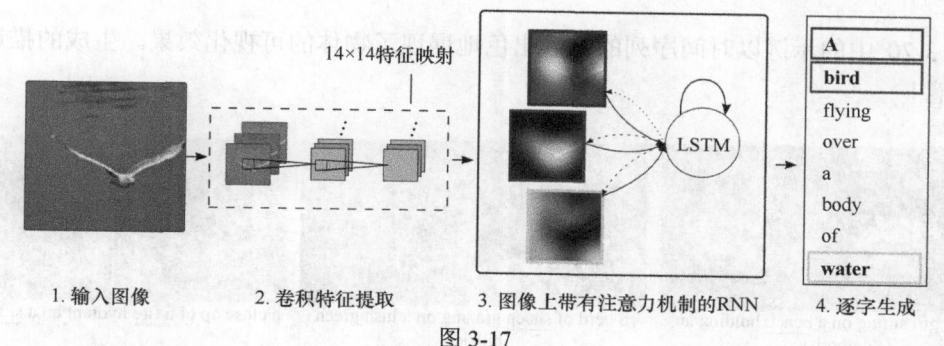

图 3-17

这种方法按照描述的顺序训练注意力模型，以得到更好的结果，如图 3-18 所示。

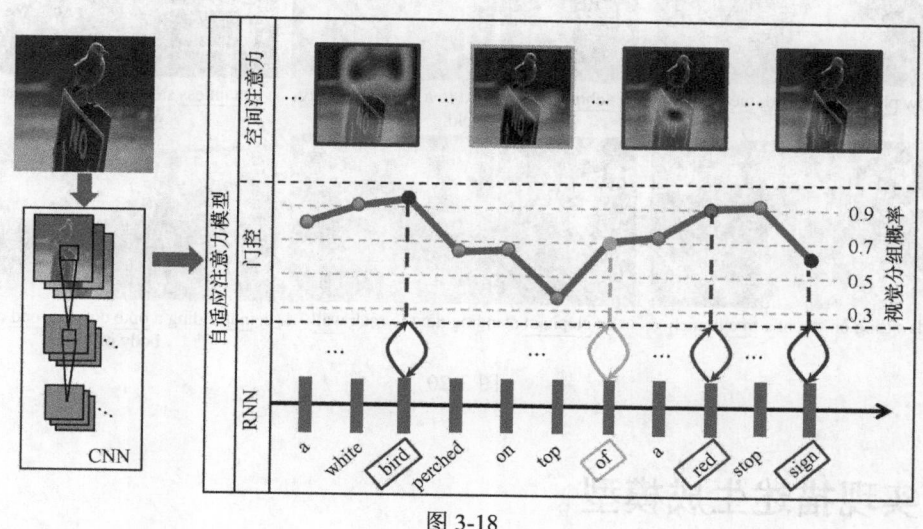

图 3-18

图 3-19 所示的是一个使用注意力机制生成描述的 LSTM 图。

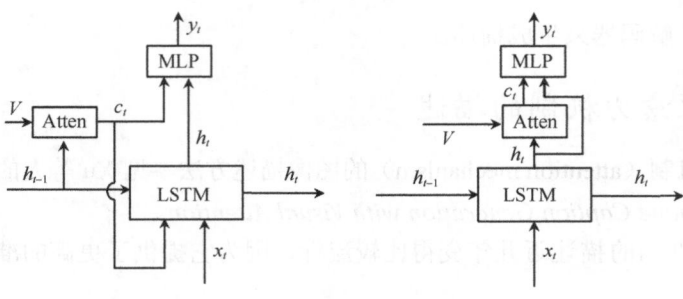

图 3-19

图 3-20 中的示例以时间序列的方式出色地展现了物体的可视化效果。生成的描述比较令人满意！

图 3-20

3.5　实现描述生成模型

首先，读取数据集并按照需要的方式进行转换。导入 os 库并声明数据集所在的目录，代码如下：

```
import os
annotation_dir = 'Flickr8k_text'
```

接下来，定义一个函数来打开文件并将文件中的行作为列表返回：

```
def read_file(file_name):
    with open(os.path.join(annotation_dir, file_name), 'rb') as file_handle:
        file_lines = file_handle.read().splitlines()
    return file_lines
```

读取训练集和测试集的图像路径，然后读取描述文件：

```
train_image_paths = read_file('Flickr_8k.trainImages.txt')
test_image_paths = read_file('Flickr_8k.testImages.txt')
captions = read_file('Flickr8k.token.txt')

print(len(train_image_paths))
print(len(test_image_paths))
print(len(captions))
```

输出结果如下：

```
6000
1000
40460
```

接下来，我们需要生成图像到描述的映射。这有助于在训练时方便地查找描述。此外，描述文件中的单词有助于创建词汇表：

```
image_caption_map = {}
unique_words = set()
max_words = 0
for caption in captions:
    image_name = caption.split('#')[0]
    image_caption = caption.split('#')[1].split('\t')[1]
    if image_name not in image_caption_map.keys():
        image_caption_map[image_name] = [image_caption]
    else:
        image_caption_map[image_name].append(image_caption)
    caption_words = image_caption.split()
    max_words = max(max_words, len(caption_words))
    [unique_words.add(caption_word) for caption_word in caption_words]
```

现在我们需要建立两个映射，一个是从单词到索引的映射，另一个是从索引到单词的映射：

```
unique_words = list(unique_words)
word_to_index_map = {}
index_to_word_map = {}
for index, unique_word in enumerate(unique_words):
    word_to_index_map[unique_word] = index
    index_to_word_map[index] = unique_word
print(max_words)
```

描述中出现的最大单词数为 38 个，这些单词有助于定义模型的结构。接下来，导入库：

```
from data_preparation import train_image_paths, test_image_paths
from keras.applications.vgg16 import VGG16
from keras.preprocessing import image
from keras.applications.vgg16 import preprocess_input
import numpy as np
from keras.models import Model
import pickle
import os
```

现在我们开始创建 ImageModel 类，以加载 VGG 模型及其权重：

```
class ImageModel:
    def __init__(self):
        vgg_model = VGG16(weights='imagenet', include_top=True)
        self.model = Model(input=vgg_model.input,
                        output=vgg_model.get_layer('fc2').output)
```

权重将被下载并存储。第一次使用此代码可能需要一些时间来完成权重下载。接下来我们再创建一个模型，以便使用第二个全连接层的输出。从路径读取图像并进行预处理的代码如下：

```
@staticmethod
def load_preprocess_image(image_path):
    image_array = image.load_img(image_path, target_size=(224, 224))
    image_array = image.img_to_array(image_array)
    image_array = np.expand_dims(image_array, axis=0)
    image_array = preprocess_input(image_array)
    return image_array
```

接下来我们定义一个加载图像并进行预测的方法。预测的第二个全连接层的尺寸可以被设置为 4096：

```
def extract_feature_from_imagfe_path(self, image_path):
    image_array = self.load_preprocess_image(image_path)
```

```
features = self.model.predict(image_array)
return features.reshape((4096, 1))
```

浏览一个图像路径列表并创建一个特征列表：

```
def extract_feature_from_image_paths(self, work_dir, image_names):
    features = []
    for image_name in image_names:
        image_path = os.path.join(work_dir, image_name)
        feature = self.extract_feature_from_image_path(image_path)
        features.append(feature)
    return features
```

将提取的特征存储为一个 pickle 文件：

```
def extract_features_and_save(self, work_dir, image_names, file_name):
    features = self.extract_feature_from_image_paths(work_dir, image_names)
    with open(file_name, 'wb') as p:
        pickle.dump(features, p)
```

初始化类并提取训练集和测试集的图像特征：

```
I = ImageModel()
I.extract_features_and_save(b'Flicker8k_Dataset',train_image_paths, 'train_image_features.p')
I.extract_features_and_save(b'Flicker8k_Dataset',test_image_paths, 'test_image_features.p')
```

导入构建模型所需的层：

```
from data_preparation import get_vocab
from keras.models import Sequential
from keras.layers import LSTM, Embedding, TimeDistributed, Dense, RepeatVector,
Merge, Activation, Flatten
from keras.preprocessing import image, sequence
```

获得所需的词汇表：

```
image_caption_map, max_words, unique_words, \
word_to_index_map, index_to_word_map = get_vocab()
vocabulary_size = len(unique_words)
```

最终生成描述的模型：

```
image_model = Sequential()
image_model.add(Dense(128, input_dim=4096, activation='relu'))
image_model.add(RepeatVector(max_words))
```

针对自然语言创建一个模型：

```
lang_model = Sequential()
lang_model.add(Embedding(vocabulary_size, 256, input_length=max_words))
lang_model.add(LSTM(256, return_sequences=True))
lang_model.add(TimeDistributed(Dense(128)))
```

将两个模型合并为最终模型：

```
model = Sequential()
model.add(Merge([image_model, lang_model], mode='concat'))
model.add(LSTM(1000, return_sequences=False))
model.add(Dense(vocabulary_size))
model.add(Activation('softmax'))
model.compile(loss='categorical_crossentropy', optimizer='rmsprop',
metrics=['accuracy'])
batch_size = 32
epochs = 10
total_samples = 9
model.fit_generator(data_generator(batch_size=batch_size),
steps_per_epoch=total_samples / batch_size,
                    epochs=epochs, verbose=2)
```

我们可以通过训练这个模型生成图像描述。

3.6 小结

在本章中，我们介绍了图像描述技术：先介绍了词嵌入，然后介绍了几种图像描述方法，最后实现了图像描述模型。

我们将在第 4 章介绍生成对抗网络（Generative Adversarial Network，GAN）。GAN 非常有趣而且有用，可以生成满足多种用途的图像。

第 4 章　为生成条件图像构建 GAN

前 Facebook 人工智能团队首席 AI 科学家 Yann LeCun 曾提出"GAN 是机器学习领域过去十年来最有趣的想法",后来学术界对这一深度学习解决方案的浓厚兴趣印证了这一点。如果你阅读过最近有关深度学习的论文,同时注意到 LinkedIn 上 GAN 的领先趋势或 Medium 上相关话题的文章),就会发现 GAN 已经产生了大量变体。

你可以通过浏览由 Avinash Hindupur 在 GitHub 上创建并持续更新的参考文献列表来了解 GAN 的发展,也可以查看 Zheng Liu 在 GitHub 上列出的 GAN 时间表,以便从时间维度理解 GAN 的所有相关内容。

GAN 之所以可以激发人们的想象力,是因为它足以显示人工智能的创造力,而不仅因为它具有强大的计算能力。

本章主要包括以下内容:

● 揭开 GAN 的神秘面纱,给出所有必要的概念,以帮助你理解 GAN 是什么、它现下能做什么以及人们希望用它做什么;
● 演示如何基于示例图像的初始分布来生成图像(所谓的无监督 GAN);
● 阐释如何使 GAN 能够生成期望的结果;
● 构建一个基本的、完整的项目,用于处理不同的手写字符和图标数据集;
● 如何在云(特别是亚马逊云)上训练 GAN 的基本指令。

GAN 的成功很大程度上取决于其使用的特定神经网络结构,以及它所面对的问题和"喂"给它的数据。在本章中,我们选择的数据集足以提供令人满意的结果,希望你能感受到 GAN 的创造力,并从中得到启发!

4.1　GAN 简介

我们从近几年发生一些事件开始介绍,因为 GAN 是人工智能和深度学习领域较新的想法之一。

2014 年,加拿大蒙特利尔大学计算机科学系的 Ian Goodfellow 和他的同事(Yoshua Bengio 也是贡献者之一)发表了一篇论文,提出了 **GAN** 这种能够基于一系列初始样例生成新数据的框架。

Ian Goodfellow 等人的论文 *Generative Adversarial Nets* 被收录在 Advances in Neural Information Processing Systems.2014.p.2672-2680 中。

如果说之前使用马尔可夫链的尝试远不能令人信服，那么 GAN 所生成的初始图像是惊人的。在图 4-1 中，你可以看到论文中提出的一些示例，这是一些基于 MNIST、非公开数据集多伦多人脸数据集（Toronto Face Dataset，TFD）以及 CIFAR-10 数据集重新生成图像的示例。图 4-1（a）使用的是 MNIST，图 4-1（b）使用的是 TFD，图 4-1（c）和图 4-1（d）使用的是 CIFAR-10。

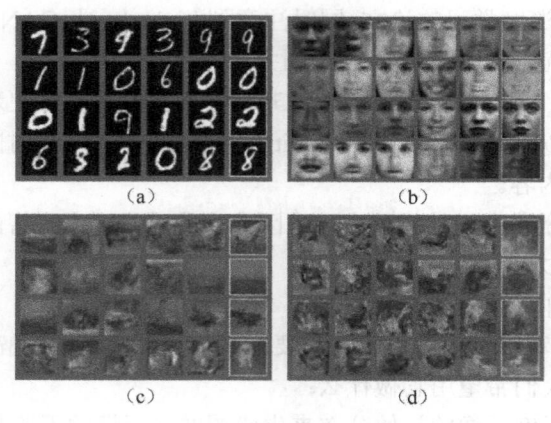

图 4-1

这篇论文颇具创新性，因为它把深层神经网络和博弈论结合在一起，形成了一个非常智能的结构，且不需要像通常的反向传播那样需要更多的训练。GAN 是一种生成式模型，这一模型可以生成数据，因为其中嵌入了模型分布（GAN 学会了这个分布）。因此，GAN 生成某种数据时，就好像是从分布中取样一样。

4.1.1　对抗方式是关键

GAN 之所以是如此成功的生成式模型，关键在于"对抗"。事实上，GAN 是由两个不同的网络组成的，这两个网络基于各自的误差池化进行优化，这个优化过程就是对抗过程。

我们可以从一个真实数据集 R 着手，这个数据集包含图像或其他类型的数据（尽管 GAN 主要应用于图像领域，但并不局限于此）。之后我们可以构建生成器网络 G，用来生成与真实数据尽可能相似的伪造数据；还需要构建一个鉴别器网络 D，用来比较 G 生成的数据集和真实数据 R，并指出哪个是真实数据，哪个不是真实数据。

Goodfellow 用"艺术伪造者"这一比喻来描述生成器，而鉴别器是"侦探"（或是"艺术评论家"），它们必须揭露艺术伪造者的罪行。艺术伪造者和侦探之间存在对抗，这是因为艺术伪造者需要运用更多技巧以便不被侦探发现，而侦探在寻找艺术伪造者方面的能力也需要不断提升。这就变成了艺术伪造者和侦探之间无休止的斗争，直到伪造的产品与原件完全无法区分。事实上，当 GAN 过拟合时，它们只是在输出原始数据。这看起来似乎很像市场竞争，事实上也确实如此，因为 GAN 的思想就起源于竞争博弈论。

在 GAN 中，生成器生成图像，直到鉴别器无法分辨它们的真假。对于生成器来说，一个显而易见的解决方案是简单地复制一些训练图像或采用鉴别器无法判断的、看起来成功的生成图像。我们的项目将应用单面标签平滑（one-sided label smoothing）技术的解决方案。具体描述见 Tim Salimans 等人的论文 *Improved Techniques for Training GANs*。

下面我们讨论 GAN 是如何工作的。首先，生成器 G 不会循规蹈矩，而是会生成完全随机的数据（事实上它甚至不考虑原始数据），因此它会被鉴别器 D 惩罚，此时分辨真实数据和伪造数据是很容易的。G 承担全部责任，并开始尝试不同的方法以从 D 获得更好的反馈。这一过程也是随机完成的，因为 G 能收到的唯一数据是随机的输入 Z，永远无法接触原始数据。历经多次尝试和失败后，在 D 的暗示下，G 终于知道该怎么做，并开始生成可信的输出。最后，经过足够长的时间，即使 G 没有收到任何一个真实数据示例，它也能完全复制所有原始数据。GAN 工作的简单示例如图 4-2 所示。

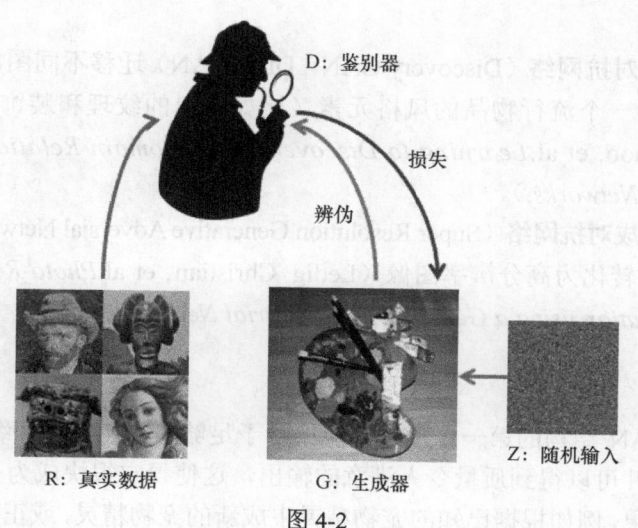

图 4-2

4.1.2 "寒武纪大爆发"

正如前文提到的，关于 GAN 的新论文频频发布。

不管怎样，除了 Goodfellow 及其同事在其最初的论文中描述的基本实现，他们一致认为最值得注意的是**深度卷积生成对抗网络**（Deep Convolutional Generative Adversarial Network，DCGAN）和**条件生成对抗网络**（Conditional GAN，CGAN）。

- DCGAN 是基于 CNN 结构的 GAN（Radford Alec, Metz Luke, Chintala Soumith. *Unsupervised Representation Learning with Deep Convolutional Generative Adversarial Networks.*）。
- CGAN 在 DCGAN 的基础上，在输入标签中增加了一些条件，从而使得到的结果中包含期望的特征（Mirza Mehdi, Osindero Simon.*Conditional Generative Adversarial Nets.*）。本书的项目将编写一个基于 CGAN 的类，并通过在不同的数据集上训练它来证明其功能。

还有一些有趣的实现（本书项目中不包括这些实现）给出了图像生成或改进的实际解决方案。

- **循环式生成对抗网络**（CycleGAN）将一幅图像转化为另一幅图像（经典的例子是将马的图像变为斑马的图像，参见 Zhu Jun-Yan, et al.*Unpaired Image-to-image Translation using Cycle-Consistent Adversarial Networks.*）。
- **栈式生成对抗网络**（StackGAN）可以根据描述图像的文本生成图像（Zhang Han, et al. *StackGAN: Text to Photo-realistic Image Synthesis with Stacked Generative Adversarial Networks.*）。
- **发现式生成对抗网络**（Discovery GAN，DiscoGAN）迁移不同图像之间的风格元素，从而可以将一个流行物品的风格元素（比如背包的纹理和装饰）传递到一双鞋上（Kim Taeksoo, et al.*Learning to Discover Cross-Domain Relations with Generative Adversarial Networks.*）。
- **超分辨率生成对抗网络**（Super Resolution Generative Adversial Network，SRGAN）把低分辨率图像转化为高分辨率图像（Ledig Christian, et al.*Photo-Realistic Single Image Super-Resolution using a Generative Adversarial Networks.*）。

1. DCGAN

DCGAN 是 GAN 结构的第一个改进实现。给予足够多的轮数和训练数据，DCGAN 可以成功完成训练，并可以得到质量令人满意的输出，这使得它很快成为 GAN 的"基准"并且产生了惊人的成果，例如根据已知的宠物精灵生成新的宠物精灵，或正如 NVIDIA 所做的，生成一些名人的脸——这些名人事实上并不存在，但看起来像是真的。这项工作使用了一个名为**渐进式生长**（progressing growing）的新训练方法，DCGAN 的基本思想在于使用与深度学习监督式网络用于图像分类的相同卷积，并且采用了如下一些巧妙的技巧。

- 在两个网络中都使用批归一化。
- 没有隐藏层的全连接层。
- 没有池化层，只在卷积层中设置步长。
- 采用 ReLU 作为激活函数。

2. CGAN

在 CGAN 中增加一个特征向量，这样可以控制输出，并能更好地引导生成器认识到应该做什么。这样一个特征向量可以对应该从图像中派生出来的类（如果我们试图创建虚构的演员面孔，那么这个类意味着是女人还是男人的图像），或者是我们希望从图像中得到的一系列特定的特征（对于虚构的演员，特征可以是发型、眼睛或肤色等）进行编码。这里的技巧是将信息合并到要学习的图像中并交给 Z 输入，也就是说，Z 输入不再完全是随机的。鉴别器不仅对伪造数据与原始数据的相似性进行评估，还对伪造图像与其输入标签（或特征）的对应性加以评估。将 Z 输入与 Y 输入（有标签的特征向量）结合起来可以生成受条件约束的图像，如图 4-3 所示。

图 4-3

4.2 项目

我们先导入正确的库。除了 tensorflow，我们还要用到 numpy、用于进行数学计算的 scipy、matplotlib（处理图像和图表），warnings、random 和 distutils（支持特定操作）。

```
import numpy as np
import tensorflow as tf
import math
import warnings
import matplotlib.pyplot as plt
from scipy.misc import imresize
from random import shuffle
from distutils.version import LooseVersion
```

4.2.1　数据集类

首先需要做的是提供数据。在本项目中，我们用的是已完成预处理的数据集，但是你可以用不同类型的图像来实现自己的 GAN。我们的想法是用一个单独的 Dataset 类，以便为稍后所要构建的 GAN 类提供一批规范化和经过重塑的图像。

在初始化时，我们将同时处理图像及其标签（如果存在）。我们需要先重塑图像（如果它们的形状与实例化类时定义的形状不同），然后重洗数据。比起按照数据集中初始类的顺序进行有序排列，重洗数据能帮助 GAN 更好地学习。这个方法也适用于任何基于随机梯度下降（Stochastic Gradient Descent，SGD）的机器学习方法（Bottou Léon.*Stochastic Gradient Descent Tricks.*）。标签采用 one-hot 编码，即为每一个类创建一个二进制变量，该变量设置为 1（其他变量设置为 0），以将标签用向量表示。

 例如，如果类是{dog:0,cat:1}，那么需要两个 one-hot 编码向量来表示它们，即{dog:[1,0], cat:[0,1]}。

通过这种方法，我们可以轻松地把向量作为另一个通道加入图像，并在其中加入一些会被 GAN 重现的视觉特征，还可以定义向量的顺序，以组成更复杂的、有特殊特征的类。例如，我们可以为希望生成的类指定编码，也可以指定它的一些特征：

```
class Dataset(object):
    def __init__(self, data, labels=None, width=28, height=28,
                                    max_value=255, channels=3):
        # Record image specs
        self.IMAGE_WIDTH = width
        self.IMAGE_HEIGHT = height
        self.IMAGE_MAX_VALUE = float(max_value)
        self.CHANNELS = channels
        self.shape = len(data), self.IMAGE_WIDTH,
                                self.IMAGE_HEIGHT,self.CHANNELS
        if self.CHANNELS == 3:
            self.image_mode = 'RGB'
            self.cmap = None
```

```
        elif self.CHANNELS == 1:
            self.image_mode = 'L'
            self.cmap = 'gray'

        # Resize if images are of different size
        if data.shape[1] != self.IMAGE_HEIGHT or \
                        data.shape[2] != self.IMAGE_WIDTH:
            data = self.image_resize(data,
                self.IMAGE_HEIGHT, self.IMAGE_WIDTH)

        # Store away shuffled data
        index = list(range(len(data)))
        shuffle(index)
        self.data = data[index]

        if len(labels) > 0:
            # Store away shuffled labels
            self.labels = labels[index]
            # Enumerate unique classes
            self.classes = np.unique(labels)
            # Create a one hot encoding for each class
            # based on position in self.classes
            one_hot = dict()
            no_classes = len(self.classes)
            for j, i in enumerate(self.classes):
                one_hot[i] = np.zeros(no_classes)
                one_hot[i][j] = 1.0
            self.one_hot = one_hot
        else:
            # Just keep label variables as placeholders
            self.labels = None
            self.classes = None
            self.one_hot = None

    def image_resize(self, dataset, newHeight, newWidth):
        """Resizing an image if necessary"""
        channels = dataset.shape[3]
        images_resized = np.zeros([0, newHeight,
                    newWidth, channels], dtype=np.uint8)
        for image in range(dataset.shape[0]):
            if channels == 1:
                temp = imresize(dataset[image][:, :, 0],[newHeight, newWidth], 'nearest')
                temp = np.expand_dims(temp, axis=2)
            else:
                temp = imresize(dataset[image],
```

```
                      [newHeight, newWidth], 'nearest')
        images_resized = np.append(images_resized, np.expand_dims(temp, axis=0), axis=0)
    return images_resized
```

get_batches 方法可以生成数据集的一个子集并将其归一化，即用每个像素值除以最大值（256），再减去 0.5。生成的图像中的浮点值落在[–0.5, +0.5]内。

```
def get_batches(self, batch_size):
    """Pulling batches of images and their labels"""
    current_index = 0
    # Checking there are still batches to deliver
    while current_index < self.shape[0]:
        if current_index + batch_size > self.shape[0]:
            batch_size = self.shape[0] - current_index
        data_batch = self.data[current_index:current_index \
                                + batch_size]
        if len(self.labels) > 0:
            y_batch = np.array([self.one_hot[k] for k in \
            self.labels[current_index:current_index +\
            batch_size]])
        else:
            y_batch = np.array([])
        current_index += batch_size
        yield (data_batch /self.IMAGE_MAX_VALUE) - 0.5, y_batch
```

4.2.2 CGAN 类

CGAN 类包含运行基于 CGAN 模型的 CGAN 需要的所有函数。DCGAN 被证明可以生成类似于照片质量描述的输出。本书已经介绍过 CGAN，其参考文献如下。

 Radford Alec, Metz Luke, Chintala Soumith.*Unsupervised Representation Learning with Deep Convolutional Generative Adversarial Networks*.

在项目中，我们会添加使用了标签信息的 CGAN 的条件格式，其类似于监督式学习任务中的方法。使用标签并将其与图像集成（这是诀窍）有利于生成更好的图像，并有可能确定生成图像的特征。

CGAN 类的参数包括一个数据集类对象（dataset）、轮数（epochs）、图像批大小（batch_size）、用于生成器的随机输入的图像维数（z_dim）和 GAN 的名称（generator_name，便于保存）。CGAN 类也可以用不同的 alpha 和 smooth 参数值进行初始化。后文会讨论这两个参数对 GAN 网络的影响。

下面的示例设置了所有内部参数，并对系统进行了性能检查，如果没有检测到 GPU，则给出警告：

```
class CGan(object):
    def __init__(self, dataset, epochs=1, batch_size=32,
                 z_dim=96, generator_name='generator',
                 alpha=0.2, smooth=0.1,
                 learning_rate=0.001, beta1=0.35):

        # As a first step, checking if the
        # system is performing for GANs
        self.check_system()

        # Setting up key parameters
        self.generator_name = generator_name
        self.dataset = dataset
        self.cmap = self.dataset.cmap
        self.image_mode = self.dataset.image_mode
        self.epochs = epochs
        self.batch_size = batch_size
        self.z_dim = z_dim
        self.alpha = alpha
        self.smooth = smooth
        self.learning_rate = learning_rate
        self.beta1 = beta1
        self.g_vars = list()
        self.trained = False

    def check_system(self):
        """
        Checking system suitability for the project
        """
        # Checking TensorFlow version >=1.2
        version = tf.__version__
        print('TensorFlow Version: %s' % version)

        assert LooseVersion(version) >= LooseVersion('1.2'),\
        ('You are using %s, please use TensorFlow version 1.2 \
                                or newer.' % version)

        # Checking for a GPU
        if not tf.test.gpu_device_name():
            warnings.warn('No GPU found installed on the system.\
                        It is advised to train your GAN using\
```

```
                        a GPU or on AWS')
        else:
            print('Default GPU Device: %s' % tf.test.gpu_device_name())
```

instantiate_inputs 函数为输入（包括实际输入和随机输入）创建 TensorFlow 占位符。该函数也提供标签（创建与原始图像形状相同但通道数量等于类数的图像）以及训练过程的学习率：

```
def instantiate_inputs(self, image_width, image_height,image_channels, z_dim, classes):
    """
    Instantiating inputs and parameters placeholders:
    real input, z input for generation,
    real input labels, learning rate
    """
    inputs_real = tf.placeholder(tf.float32,
                    (None, image_width, image_height,
                     image_channels), name='input_real')
    inputs_z = tf.placeholder(tf.float32,
                    (None, z_dim + classes), name='input_z')
    labels = tf.placeholder(tf.float32,
                    (None, image_width, image_height,
                     classes), name='labels')
    learning_rate = tf.placeholder(tf.float32, None)
    return inputs_real, inputs_z, labels, learning_rate
```

接下来，我们研究网络结构，并定义一些基本的函数，例如 leaky_ReLU_activation 函数（会在鉴别器和生成器中使用它，与 DCGAN 的原始论文中的描述相反）：

```
def leaky_ReLU_activation(self, x, alpha=0.2):
    return tf.maximum(alpha * x, x)

def dropout(self, x, keep_prob=0.9):
    return tf.nn.dropout(x, keep_prob)
```

下一个函数展示了一个鉴别器的层。它用 Xavier 初始化创建一个卷积，并对结果执行批归一化，设置 leaky_ReLU_activation 函数，最后应用 dropout 进行正则化：

```
def d_conv(self, x, filters, kernel_size, strides,
            padding='same', alpha=0.2, keep_prob=0.5,
            train=True):
    """
    Discriminant layer architecture
    Creating a convolution, applying batch normalization
    leaky rely activation and dropout
```

```
"""
x = tf.layers.conv2d(x, filters, kernel_size,
                    strides, padding, kernel_initializer=\
                    tf.contrib.layers.xavier_initializer())
x = tf.layers.batch_normalization(x, training=train)
x = self.leaky_ReLU_activation(x, alpha)
x = self.dropout(x, keep_prob)
return x
```

Xavier 初始化保证了卷积的初始权重不会太小也不会太大，以便让信号从最初的一轮开始就能通过网络更好地传输。

> Xavier 初始化提供了一个高斯分布，其均值为 0，方差为 1 除以一个层中的神经元数量。鉴于这种初始化，深度学习不再使用以前用于设置初始权重的预训练技术，即使存在多个层，初始权重也可以反向传播。

正如上述论文的作者所指出的，批归一化算法解决协变量偏移问题。也就是说，改变输入的分布会导致之前学习到的权重不再有效。事实上，作为第一个输入层学习到的分布，它们会被传输到随后的所有层。由于输入的分布突然改变，学习到的分布也会偏移（例如，最初输入的图像中，猫的图像比狗的图像多，而现在正好相反）。除非把学习率设定得很低，否则偏移很可能会非常剧烈。

> 批归一化解决了输入中分布变化的问题，因为它用均值和方差（用批次统计数据）对每个批次进行归一化。
> 批归一化的相关内容参见 Sergey Ioffe 和 Szegedy Christian 的论文 *Batch normalization: Accelerating Deep Network Training by Reducing Internal Covariate Shift*。

`g_reshaping` 和 `g_conv_transpose` 是生成器中的两个函数。它们重塑展平层和卷积层的输入数据。实际上，这两个函数所做的工作与卷积相反，它们可以将卷积得到的特征恢复为原始特征：

```
def g_reshaping(self, x, shape, alpha=0.2,
              keep_prob=0.5, train=True):
    """
    Generator layer architecture
    Reshaping layer, applying Batch Normalization,
    leaky rely activation and dropout
    """
    x = tf.reshape(x, shape)
```

```
    x = tf.layers.batch_normalization(x, training=train)
    x = self.leaky_ReLU_activation(x, alpha)
    x = self.dropout(x, keep_prob)
    return x

def g_conv_transpose(self, x, filters, kernel_size,
                     strides, padding='same', alpha=0.2,
                     keep_prob=0.5, train=True):
    """
    Generator layer architecture
    Transposing convolution to a new size,
    applying Batch Normalization,
    leaky rely activation and dropout
    """
    x = tf.layers.conv2d_transpose(x, filters, kernel_size,strides, padding)
    x = tf.layers.batch_normalization(x, training=train)
    x = self.leaky_ReLU_activation(x, alpha)
    x = self.dropout(x, keep_prob)
    return x
```

鉴别器的结构是以图像为输入，通过各种卷积变换图像，直到将结果展平，并转化为对数几率（通过 logits 函数）和概率（通过 sigmoid 函数）。实际上，一切都与有序卷积相同：

```
def discriminator(self, images, labels, reuse=False):
    with tf.variable_scope('discriminator', reuse=reuse):
        # Input layer is 28x28x3 --> concatenating input
        x = tf.concat([images, labels], 3)

        # d_conv --> expected size is 14x14x32
        x = self.d_conv(x, filters=32, kernel_size=5,
                        strides=2, padding='same',
                        alpha=0.2, keep_prob=0.5)

        # d_conv --> expected size is 7x7x64
        x = self.d_conv(x, filters=64, kernel_size=5,
                        strides=2, padding='same',
                        alpha=0.2, keep_prob=0.5)

        # d_conv --> expected size is 7x7x128
        x = self.d_conv(x, filters=128, kernel_size=5,
                        strides=1, padding='same',
                        alpha=0.2, keep_prob=0.5)

        # Flattening to a layer --> expected size is 4096
```

```
x = tf.reshape(x, (-1, 7 * 7 * 128))

# Calculating logits and sigmoids
logits = tf.layers.dense(x, 1)
sigmoids = tf.sigmoid(logits)

return sigmoids, logits
```

生成器的结构和鉴别器相反。它从输入向量 **z** 开始，先创建全连接层，之后进行一系列变换以重现鉴别器中卷积的逆过程，直到生成与输入形状相同的张量。该张量通过 tanh 激活函数进行进一步变换。代码如下：

```
def generator(self, z, out_channel_dim, is_train=True):

    with tf.variable_scope('generator',
                            reuse=(not is_train)):
        # First fully connected layer
        x = tf.layers.dense(z, 7 * 7 * 512)

        # Reshape it to start the convolutional stack
        x = self.g_reshaping(x, shape=(-1, 7, 7, 512),
                             alpha=0.2, keep_prob=0.5,
                             train=is_train)

        # g_conv_transpose --> 7x7x128 now
        x = self.g_conv_transpose(x, filters=256,
                                  kernel_size=5,
                                  strides=2, padding='same',
                                  alpha=0.2, keep_prob=0.5,
                                  train=is_train)

        # g_conv_transpose --> 14x14x64 now
        x = self.g_conv_transpose(x, filters=128,
                                  kernel_size=5, strides=2,
                                  padding='same', alpha=0.2,
                                  keep_prob=0.5,
                                  train=is_train)

        # Calculating logits and Output layer --> 28x28x5 now
        logits = tf.layers.conv2d_transpose(x,
                                  filters=out_channel_dim,
                                  kernel_size=5,
                                  strides=1,
                                  padding='same')
```

```
output = tf.tanh(logits)

return output
```

　　这一结构与介绍 CGAN 的论文中的结构非常相似。论文给出了如何通过大小为 100 的初始输入向量 **z** 重构 64×64×3 的图像。DCGAN 生成器的结构如图 4-4 所示。

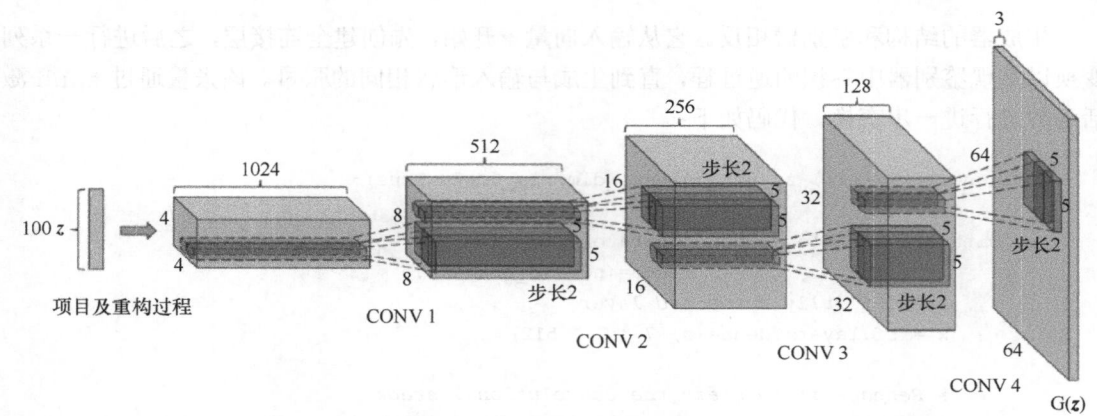

（引自 *Implementation of DCGAN in Keras to generate new images*，2015）

图 4-4

　　定义好结构之后，接下来需要定义的重要元素是损失函数。损失函数采用两个输出：一个是来自生成器的输出，其后续会被输入鉴别器以输出对数几率；另一个是来自真实图像的输出，也会被输入鉴别器。下一步我们需要计算二者的损失度量。此时，平滑的参数可以发挥作用，因为它可以使真实图像的转化概率不为 1，以便支持 GAN 上更好的、更大概率的学习过程（在完全惩罚的情况下，伪造图像对抗真实图像的机会可能会变得更渺茫）。

　　最终的鉴别器损失，是伪造图像和真实图像的损失之和。在伪造图像上的损失是通过比较估计的对数几率与概率 0 来计算的，而在真实图像上的损失是通过比较估计的对数几率与平滑的概率（本项目采用 0.9）来计算的，这样可以防止过拟合，并让鉴别器可以通过存储图像来学习以及判断真实图像。生成器损失是通过比较鉴别器对伪造图像估计的对数几率与概率 1 来计算的。通过这种方法，生成器尽可能生成由鉴别器判定为最有可能为真的（有较高的概率的）伪造图像。因此，在一个循环中，损失从鉴别器对伪造图像的估计向生成器继续传递：

```
def loss(self, input_real, input_z, labels, out_channel_dim):

    # Generating output
```

```
        g_output = self.generator(input_z, out_channel_dim)
        # Classifying real input
        d_output_real, d_logits_real = self.discriminator(input_real,labels, reuse=False)
        # Classifying generated output
        d_output_fake, d_logits_fake = self.discriminator(g_output, labels,reuse=True)
        # Calculating loss of real input classification
        real_input_labels = tf.ones_like(d_output_real) * (1 - self.smooth)
        # smoothed ones
        d_loss_real = tf.reduce_mean(
            tf.nn.sigmoid_cross_entropy_with_logits(logits=d_logits_real,
    labels=real_input_labels))
        # Calculating loss of generated output classification
        fake_input_labels = tf.zeros_like(d_output_fake)
        # just zeros
        d_loss_fake = tf.reduce_mean(
            tf.nn.sigmoid_cross_entropy_with_logits(logits=d_logits_fake,
    labels=fake_input_labels))
        # Summing the real input and generated output classification losses
        d_loss = d_loss_real + d_loss_fake # Total loss for discriminator
        # Calculating loss for generator: all generated images should have been
        # classified as true by the discriminator
        target_fake_input_labels = tf.ones_like(d_output_fake)
        # all ones
        g_loss = tf.reduce_mean(
            tf.nn.sigmoid_cross_entropy_with_logits(logits=d_logits_fake,
    labels=target_fake_input_labels))

        return d_loss, g_loss
```

GAN 上的工作是可视化的，因此其中会包含一些对当前生成器生成的样例和特定的图像集合进行可视化的函数：

```
def rescale_images(self, image_array):
    """
    Scaling images in the range 0-255
    """
    new_array = image_array.copy().astype(float)
    min_value = new_array.min()
    range_value = new_array.max() - min_value
    new_array = ((new_array - min_value) /range_value) * 255
    return new_array.astype(np.uint8)

def images_grid(self, images, n_cols):
    """
```

```
    Arranging images in a grid suitable for plotting
    """
    # Getting sizes of images and defining the grid shape
    n_images, height, width, depth = images.shape
    n_rows = n_images //n_cols
    projected_images = n_rows * n_cols
    # Scaling images to range 0-255
    images = self.rescale_images(images)
    # Fixing if projected images are less
    if projected_images < n_images:
        images = images[:projected_images]
    # Placing images in a square arrangement
    square_grid = images.reshape(n_rows, n_cols, height, width, depth)
    square_grid = square_grid.swapaxes(1, 2)
    # Returning a image of the grid
    if depth >= 3:
        return square_grid.reshape(height * n_rows, width * n_cols, depth)
    else:
        return square_grid.reshape(height * n_rows, width * n_cols)


def plotting_images_grid(self, n_images, samples):
    """
    Representing the images in a grid
    """
    n_cols = math.floor(math.sqrt(n_images))
    images_grid = self.images_grid(samples, n_cols)
    plt.imshow(images_grid, cmap=self.cmap)
    plt.show()


def show_generator_output(self, sess, n_images, input_z, labels, out_channel_dim,
image_mode):
    """
    Representing a sample of the
    actual generator capabilities
    """
    # Generating z input for examples
    z_dim = input_z.get_shape().as_list()[-1]
    example_z = np.random.uniform(-1, 1, size=[n_images, \ z_dim - labels.shape[1]])
    example_z = np.concatenate((example_z, labels), axis=1)
    # Running the generator
    sample = sess.run(
        self.generator(input_z, out_channel_dim, False),
        feed_dict={input_z: example_z})
```

```
    # Plotting the sample
    self.plotting_images_grid(n_images, sample)


def show_original_images(self, n_images):
    """
    Representing a sample of original images
    """
    # Sampling from available images
    index = np.random.randint(self.dataset.shape[0], size=(n_images))
    sample = self.dataset.data[index]
    # Plotting the sample
    self.plotting_images_grid(n_images, sample)
```

使用 Adam 优化器，我们可以降低鉴别器和生成器的损失。首先从鉴别器开始（确定生成器生成的伪造图像和真实图像的差异），然后把反馈传给生成器，基于生成器生成的伪造图像对鉴别器的影响进行评估：

```
def optimization(self):
    """
    GAN optimization procedure
    """
    # Initialize the input and parameters placeholders
    cases, image_width, image_height,\
    out_channel_dim = self.dataset.shape
    input_real, input_z, labels, learn_rate = \
                    self.instantiate_inputs(image_width, image_height, out_channel_dim,
                                            self.z_dim,len(self.dataset.classes))

    # Define the network and compute the loss
    d_loss, g_loss = self.loss(input_real, input_z, labels, out_channel_dim)

    # Enumerate the trainable_variables, split into G and D parts
    d_vars = [v for v in tf.trainable_variables() \
                if v.name.startswith('discriminator')]
    g_vars = [v for v in tf.trainable_variables() \
                if v.name.startswith('generator')]
    self.g_vars = g_vars

    # Optimize firt the discriminator, then the generatvor
    with tf.control_dependencies(\
                tf.get_collection(tf.GraphKeys.UPDATE_OPS)):
        d_train_opt = tf.train.AdamOptimizer(
                                    self.learning_rate,
```

```
                        self.beta1).minimize(d_loss, var_list=d_vars)
        g_train_opt = tf.train.AdamOptimizer(
                                        self.learning_rate,
                    self.beta1).minimize(g_loss, var_list=g_vars)


    return input_real, input_z, labels, learn_rate,
            d_loss, g_loss, d_train_opt, g_train_opt
```

最后需要完成的就是训练。在训练中，我们需要注意如下两方面内容。
- 在两步中完成优化：第一步，鉴别器优化；第二步，生成器优化。
- 将随机输入和真实图像与标签混合，创建更多包含与标签相关的 one-hot 编码类信息的图层，以完成预处理。

通过上述方法，我们就可以使输入和输出中的类和图像结合在一起。我们可以调整生成器以添加这些信息，如果生成器无法生成与正确标签相对应的真实图像，则会受到惩罚。例如，生成器生成狗的图像，却给它分配了猫的标签，就会受到鉴别器的惩罚，因为鉴别器会注意到生成器生成的猫和真实图像中的猫不同——它们具有不同的标签。代码如下：

```
def train(self, save_every_n=1000):
    losses = []
    step = 0
    epoch_count = self.epochs
    batch_size = self.batch_size
    z_dim = self.z_dim
    learning_rate = self.learning_rate
    get_batches = self.dataset.get_batches
    classes = len(self.dataset.classes)
    data_image_mode = self.dataset.image_mode

    cases, image_width, image_height,\
    out_channel_dim = self.dataset.shape
    input_real, input_z, labels, learn_rate, d_loss,\
    g_loss, d_train_opt, g_train_opt = self.optimization()

    # Allowing saving the trained GAN
    saver = tf.train.Saver(var_list=self.g_vars)

    # Preparing mask for plotting progression
    rows, cols = min(5, classes), 5
    target = np.array([self.dataset.one_hot[i] \
            for j in range(cols) for i in range(rows)])

    with tf.Session() as sess:
```

```
sess.run(tf.global_variables_initializer())
for epoch_i in range(epoch_count):
    for batch_images, batch_labels \
                in get_batches(batch_size):
        # Counting the steps
        step += 1
        # Defining Z
        batch_z = np.random.uniform(-1, 1, size=\
                            (len(batch_images), z_dim))
        batch_z = np.concatenate((batch_z,\
                            batch_labels), axis=1)
        # Reshaping labels for generator
        batch_labels = batch_labels.reshape(batch_size, 1, 1, classes)
        batch_labels = batch_labels * np.ones((batch_size,
                image_width, image_height, classes))
        # Sampling random noise for G
        batch_images = batch_images * 2
        # Running optimizers
        _ = sess.run(d_train_opt, feed_dict={
            input_real: batch_images, input_z: batch_z,
                labels:batch_labels, learn_rate: learning_rate})
        _ = sess.run(g_train_opt, feed_dict={
            input_z: batch_z,input_real: batch_images,
            labels:batch_labels, learn_rate: learning_rate})

        # Cyclic reporting on fitting and generator output
        if step % (save_every_n//10) == 0:
            train_loss_d = sess.run(d_loss,
                    {input_z: batch_z,
                    input_real: batch_images,
                    labels: batch_labels})
            train_loss_g = g_loss.eval({input_z: batch_z,
                labels:batch_labels})
            print("Epoch %i/%i step %i..." %
                    (epoch_i + 1,epoch_count, step),
                "Discriminator Loss: %0.3f..." % train_loss_d,
                "Generator Loss: %0.3f" % train_loss_g)
    if step % save_every_n == 0:
        rows = min(5, classes)
        cols = 5
        target = np.array([self.dataset.one_hot[i] for j in range(cols) for i in
range(rows)])
        self.show_generator_output(
                sess, rows * cols, input_z,  target,
                out_channel_dim, data_image_mode)
```

```
        saver.save(sess,
                '/'+self.generator_name+'/generator.ckpt')


    # At the end of each epoch, get the losses and print them out
    try:
      train_loss_d = sess.run(d_loss, {
                        input_z: batch_z,
                        input_real: batch_images,
                        labels: batch_labels})
      train_loss_g = g_loss.eval({
                        input_z: batch_z,
                        labels: batch_labels})
      print("Epoch %i/%i step %i..." %
                (epoch_i + 1, epoch_count, step),
            "Discriminator Loss: %0.3f..." % train_loss_d,
            "Generator Loss: %0.3f" % train_loss_g)
    except:
      train_loss_d, train_loss_g = -1, -1

    # Saving losses to be reported after training
    losses.append([train_loss_d, train_loss_g])

# Final generator output
self.show_generator_output(sess, rows * cols, input_z, target,
                out_channel_dim, data_image_mode)
saver.save(sess, '/' + self.generator_name + '/generator.ckpt')


return np.array(losses)
```

在训练过程中，**GAN** 网络将被持续保存。如果要生成新图像，你不需要重新训练，加载网络并指定希望 GAN 生成的图像的标签即可：

```
def generate_new(self, target_class=-1, rows=5, cols=5, plot=True):
        """
        Generating a new sample
        """
        # Fixing minimum rows and cols values
        rows, cols = max(1, rows), max(1, cols)
        n_images = rows * cols

        # Checking if we already have a TensorFlow graph
        if not self.trained:
            # Operate a complete restore of the TensorFlow graph
            tf.reset_default_graph()
            self._session = tf.Session()
```

```
            self._classes = len(self.dataset.classes)
            self._input_z = tf.placeholder(tf.float32, (None,
                                 self.z_dim + self._classes), name='input_z')
            out_channel_dim = self.dataset.shape[3]
            # Restoring the generator graph
            self._generator = self.generator(self._input_z,
out_channel_dim)
            g_vars = [v for v in tf.trainable_variables() if
v.name.startswith('generator')]
            saver = tf.train.Saver(var_list=g_vars)
            print('Restoring generator graph')
            saver.restore(self._session,
tf.train.latest_checkpoint(self.generator_name))
            # Setting trained flag as True
            self.trained = True


        # Continuing the session
        sess = self._session
        # Building an array of examples examples
        target = np.zeros((n_images, self._classes))
        for j in range(cols):
            for i in range(rows):
                if target_class == -1:
                    target[j * cols + i, j] = 1.0
                else:
                    target[j * cols + i] =
self.dataset.one_hot[target_class].tolist()
        # Generating the random input
        z_dim = self._input_z.get_shape().as_list()[-1]
        example_z = np.random.uniform(-1, 1,
                    size=[n_images, z_dim - target.shape[1]])
        example_z = np.concatenate((example_z, target), axis=1)
        # Generating the images
        sample = sess.run(
            self._generator,
            feed_dict={self._input_z: example_z})
        # Plotting
        if plot:
            if rows * cols==1:
                if sample.shape[3] <= 1:
                    images_grid = sample[0,:,:,0]
                else:
                    images_grid = sample[0]
            else:
                images_grid = self.images_grid(sample, cols)
```

```
        plt.imshow(images_grid, cmap=self.cmap)
        plt.show()
    # Returning the sample for later usage
    # (and not closing the session)
    return sample
```

CGAN 类的最后一个方法是 fit，它的输入参数为 learning_rate（学习率）和 beta1（Adam 优化器的参数，基于平均值调整学习率参数），并在训练完成后绘制鉴别器和生成器产生的损失的图像：

```
def fit(self, learning_rate=0.0002, beta1=0.35):
    """
    Fit procedure, starting training and result storage
    """
    # Setting training parameters
    self.learning_rate = learning_rate
    self.beta1 = beta1
    # Training generator and discriminator
    with tf.Graph().as_default():
        train_loss = self.train()
    # Plotting training fitting
    plt.plot(train_loss[:, 0], label='Discriminator')
    plt.plot(train_loss[:, 1], label='Generator')
    plt.title("Training fitting")
    plt.legend()
```

4.3　CGAN 应用示例

有了 CGAN 类，我们来看一些例子，以期获得使用这一项目的新思路。首先，需要下载必要的数据，为训练 GAN 做好准备。先导入常用的库：

```
import numpy as np
import urllib.request
import tarfile
import os
import zipfile
import gzip
import os
from glob import glob
from tqdm import tqdm
```

然后，载入数据集和之前准备好的 CGAN 类：

```
from cGAN import Dataset, CGAN
```

TqdmUpTo 类是一个 tqdm 的封装，可以显示下载进度。这个类可以直接从 GitHub 官方网站其项目的主页获得。代码如下：

```
class TqdmUpTo(tqdm):
    """
    Provides 'update_to(n)' which uses 'tqdm.update(delta_n) '.
    Inspired by https://github.com/pypa/twine/pull/242
    https://github.com/pypa/twine/commit/42e55e06
    """

    def update_to(self, b=1, bsize=1, tsize=None):
        """
        Total size (in tqdm units).
        If [default: None] remains unchanged.
        """
        if tsize is not None:
            self.total = tsize
        # will also set self.n = b * bsize
        self.update(b * bsize - self.n)
```

最后，如果使用 Jupyter Notebook（强烈建议使用），则必须启用内嵌绘图：

```
%matplotlib inline
```

我们开始介绍第一个示例。

4.3.1 MNIST

MNIST 数据集是由 Yann LeCun（来自纽约大学库朗研究所）、Corinna Cortes（来自谷歌实验室）和 Christopher J.C. Burges （来自微软研究院）提供的。该数据集被视为学习真实世界图像数据的标准，而且只需要进行少量的预处理和格式化工作。MNIST 数据集由手写数字组成，包含 60000 个训练样本和 10000 个测试样本。它实际上是规模更大的 NIST 数据集的一个子集。其中所有数字的大小已经被归一化，并处于固定大小的图像中央。MNIST 数据集的示例如图 4-5 所示，可用于评估由 CGAN 重新生成的图像的质量。

第一步，从互联网上加载 MNIST 数据集并将其存储到本地：

```
labels_filename = 'train-labels-idx1-ubyte.gz'
images_filename = 'train-images-idx3-ubyte.gz'

url = "***********"
```

```
with TqdmUpTo() as t: # all optional kwargs
    urllib.request.urlretrieve(url+images_filename,
                                'MNIST_'+images_filename,
                                reporthook=t.update_to, data=None)
with TqdmUpTo() as t: # all optional kwargs
    urllib.request.urlretrieve(url+labels_filename,
                                'MNIST_'+labels_filename,
                                reporthook=t.update_to, data=None)
```

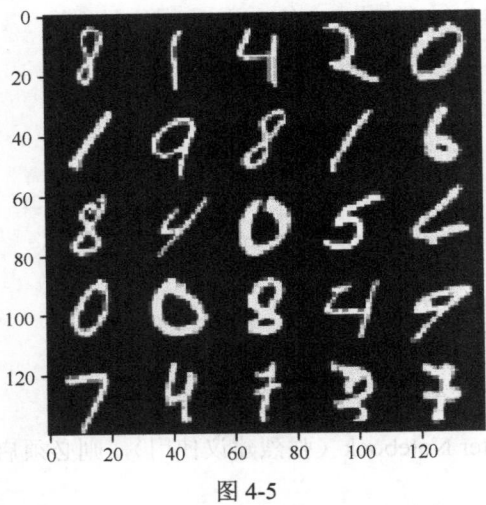

图 4-5

为了学习这组手写数字，我们使用一批 32 幅图像，并设置 learning_rate 为 0.0002，设置 beta1 为 0.35，设置 z_dim 为 96，设置 epochs 为 16：

```
labels_path = '/MNIST_train-labels-idx1-ubyte.gz'
images_path = '/MNIST_train-images-idx3-ubyte.gz'


with gzip.open(labels_path, 'rb') as lbpath:
        labels = np.frombuffer(lbpath.read(),
                                dtype=np.uint8, offset=8)
with gzip.open(images_path, 'rb') as imgpath:
        images = np.frombuffer(imgpath.read(), dtype=np.uint8,
        offset=16).reshape(len(labels), 28, 28, 1)
batch_size = 32
z_dim = 96
epochs = 16


dataset = Dataset(images, labels, channels=1)
```

```
gan = CGAN(dataset, epochs, batch_size, z_dim, generator_name='mnist')

gan.show_original_images(25)
gan.fit(learning_rate = 0.0002, beta1 = 0.35)
```

GAN 在 epochs 等于 0、2、4、8、16 时生成的数字的示例如图 4-6 所示。

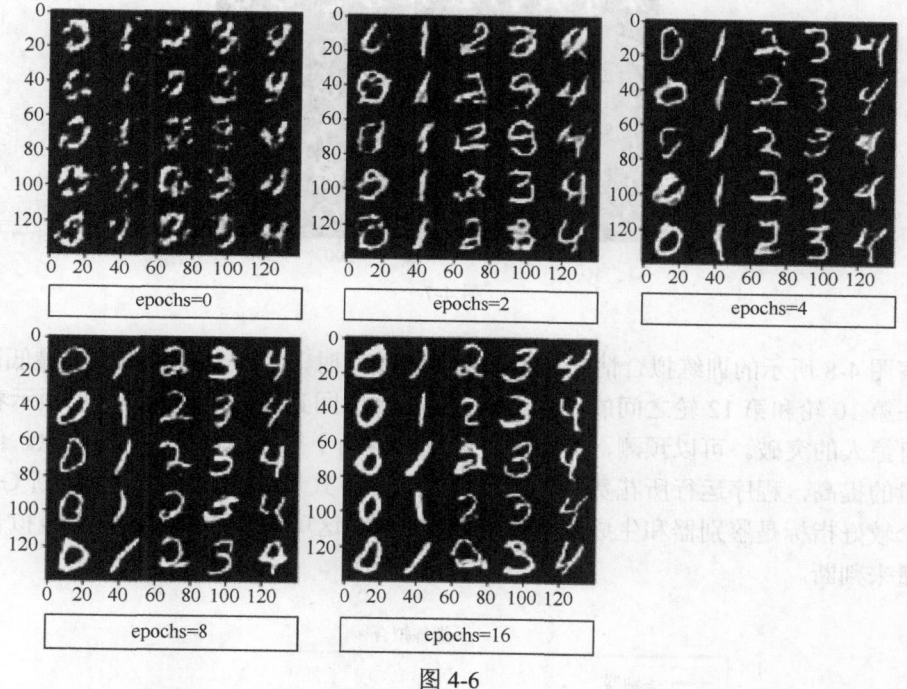

图 4-6

经过 16 轮训练后,数字表现出较好的形状并且可以使用。接下来,我们提取按行排列的所有类的示例。

评估 GAN 的性能还是由人类对一些结果进行视觉检查实现的,即从整体上或通过精确地揭示细节来判断图像是否可能是假的(像鉴别器一样)。尽管有一些计算技术可以使用,如对数似然,但是 GAN 依然缺乏客观的函数来评价和比较真假。相关内容参见 Theis Lucas、Oord van den Aäron 和 Bethge Matthias 的论文 *A note on the evaluation of generative models*。

我们力求延续评估的简单性和实证性,于是用一个经过训练的 GAN 生成的图像样本来评估 GAN 网络的性能,并尝试检查生成器和鉴别器的训练损失,以便发现特殊的趋势。图 4-7 是对 MNIST 进行训练后的最终结果样本显示。这说明对 GAN 来说,这项任务是可以完成的。

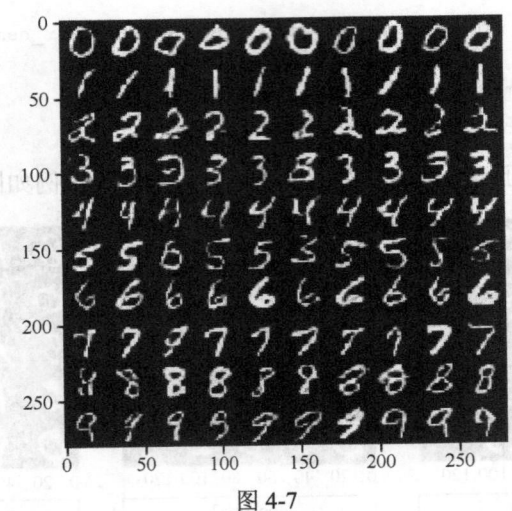

图 4-7

观察图 4-8 所示的训练拟合情况可以发现训练结束时，生成器是如何达到最低误差的。鉴别器在第 10 轮和第 12 轮之间的峰值之后，正在努力回到以前的性能。这也预示着生成器可能会有惊人的突破。可以预测，训练更多的轮数有助于提升这个 GAN 的性能。但是随着输出质量的提高，程序运行所花费的时间也将以指数方式增长。一般而言，判断 GAN 收敛性的一个较好指标是鉴别器和生成器都有下降的趋势，这可以通过将线性回归线拟合到两个损失向量来判断。

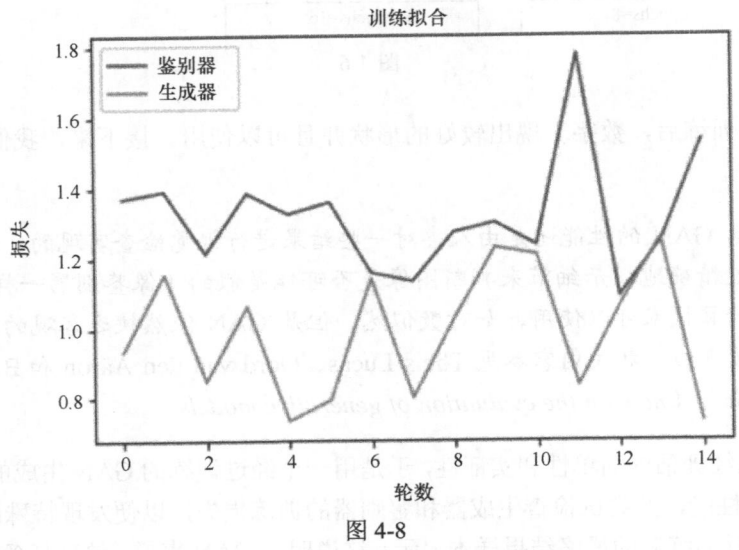

图 4-8

训练一个优质的 GAN 网络可能需要耗费很长的时间和大量的计算资源。*The New York Times* 刊登过 NVIDIA 公司提供的一张图，这张图显示了根据名人照片训练更优质的 GAN 所耗费的时间。虽然可能花费几天的时间就可以得到一个不错的结果，但要得到一个令人惊讶的结果，至少需要花费两周的时间。同样，对于我们的例子，训练轮数越多，结果就越好。

4.3.2 Zalando MNIST

Fashion MNIST 是 Zalando 的图像数据集，其中包含 60000 个样本的训练集和 10000 个样本的测试集。与 MNIST 数据集一样，每个样本都是 28 像素×28 像素的灰度图，与 10 个类的标签相关联。GitHub 上 Zalando Research 的作者打算将其作为原始 MNIST 数据集的替代数据，以便更好地测试机器学习算法，因为在实际任务中它的学习更具挑战性，更能代表现实世界中的深度学习任务。

原始 Zalando MNIST 数据集示例如图 4-9 所示。

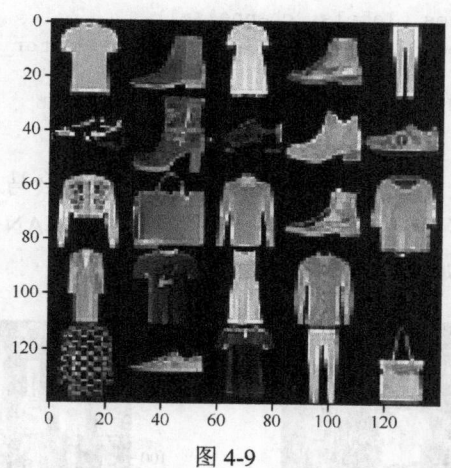

图 4-9

请在 GitHub 上分别下载图像数据及其标签：

```
filename = "train-images-idx3-ubyte.gz"
with TqdmUpTo() as t: # all optional kwargs
    urllib.request.urlretrieve(url, filename,
                        reporthook=t.update_to, data=None)

filename = "train-labels-idx1-ubyte.gz"
_ = urllib.request.urlretrieve(url, filename)
```

我们将使用一批 32 幅图像，并设置 learning_rate 为 0.0002，设置 beta1 值为 0.35，设置 z_dim 为 96，设置 epochs 为 64：

```
labels_path = '/train-labels-idx1-ubyte.gz'
images_path = '/train-images-idx3-ubyte.gz'
label_names = ['t_shirt_top', 'trouser', 'pullover',
                'dress', 'coat', 'sandal', 'shirt',
                'sneaker', 'bag', 'ankle_boots']

with gzip.open(labels_path, 'rb') as lbpath:
        labels = np.frombuffer(lbpath.read(),
                                dtype=np.uint8,
                                offset=8)
with gzip.open(images_path, 'rb') as imgpath:
        images = np.frombuffer(imgpath.read(), dtype=np.uint8,
        offset=16).reshape(len(labels), 28, 28, 1)
batch_size = 32
z_dim = 96
epochs = 64

dataset = Dataset(images, labels, channels=1)
gan = CGAN(dataset, epochs, batch_size, z_dim, generator_name='zalando')

gan.show_original_images(25)
gan.fit(learning_rate = 0.0002, beta1 = 0.35)
```

所有轮数的训练需要很长时间才能完成，但是训练质量会马上达到稳定，而其他一些问题（例如衬衫上的洞）需要训练更多轮数才能予以解决。CGAN 训练的各轮变化如图 4-10 所示。训练 64 轮后的结果如图 4-11 所示。

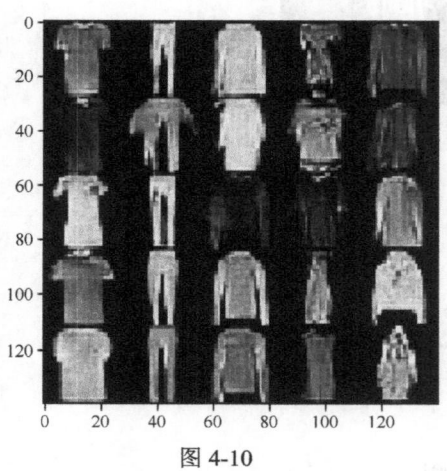

图 4-10

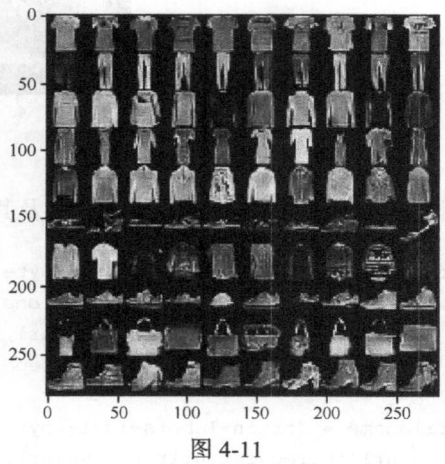

图 4-11

结果非常棒，尤其是对衣服和男鞋图像的学习结果。不过，女鞋图像似乎更难学习。因为与其他图像相比，女鞋的图像更小，并且有更多细节。

4.3.3 EMNIST

EMNIST 数据集是从 NIST 特殊数据库中提取的一组手写字符，而且这些字符已被转换为 28×28 像素的图像格式，和 MNIST 数据集直接匹配。我们将使用 EMNIST Balanced，这是一个字符集合，其每个类有相同数量的样本，该数据集由分布在 47 个平衡类中的 131600 个字符组成。关于这个数据集的资料参见 Cohen Gregory、Afshar Saeed、Tapson Jonathan 和 Schaik van André 发表于 2017 年的论文 *EMNIST: an extension of MNIST to handwritten letters*。

你也可以通过浏览 EMNIST 数据集的官方主页来获取关于它的全部信息。图 4-12 所示的是在 EMNIST Balanced 中可以找到的字符类型。

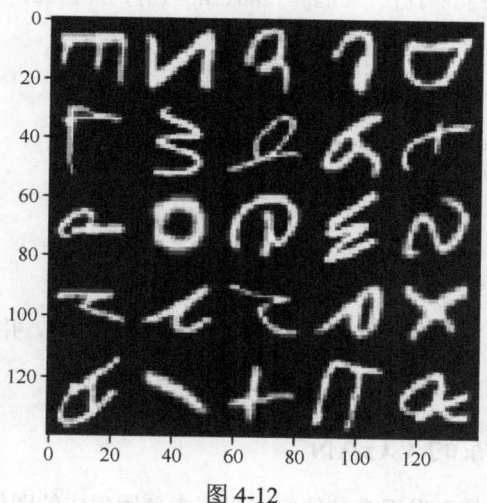

图 4-12

```
filename = "gzip.zip"
with TqdmUpTo() as t:
    # all optional kwargs
    urllib.request.urlretrieve(url, filename,
                        reporthook=t.update_to,
                        data=None)
```

从 NIST 网站下载数据集包后，解压下载的数据集包：

```
zip_ref = zipfile.ZipFile(filename, 'r')
zip_ref.extractall('.')
zip_ref.close()
```

解压成功后，删除无用的 ZIP 文件：

```
if os.path.isfile(filename):
    os.remove(filename)
```

为了学习这组手写字符，我们使用一批 32 幅图像，并设置 learning_rate 为 0.0002，设置 beta1 为 0.35，设置 z_dim 为 96，设置 epochs 为 32：

```
labels_path = '/gzip/emnist-balanced-train-labels-idx1-ubyte.gz'
images_path = '/gzip/emnist-balanced-train-images-idx3-ubyte.gz'
label_names = []
with gzip.open(labels_path, 'rb') as lbpath:
        labels = np.frombuffer(lbpath.read(), dtype=np.uint8,
         offset=8)
with gzip.open(images_path, 'rb') as imgpath:
        images = np.frombuffer(imgpath.read(), dtype=np.uint8,
                offset=16).reshape(len(labels), 28, 28, 1)
batch_size = 32
z_dim = 96
epochs = 32

dataset = Dataset(images, labels, channels=1)
gan = CGAN(dataset, epochs, batch_size, z_dim,
        generator_name='emnist')

gan.show_original_images(25)
gan.fit(learning_rate = 0.0002, beta1 = 0.35)
```

对于 MNIST 数据集，GAN 可以在合理的时间内完成学习，并以准确和可信的方式复制手写字符。

4.3.4　重用经过训练的 CGAN

训练 CGAN 后，你可能会发现在其他应用程序中使用生成的图像很实用。generate_new 函数可以用于提取单个图像或图像集合（为了检验特定图像类生成结果的质量），该函数可以在经过训练的 CGAN 类上运行。所以你要做的就是完善模型，并将其保存下来，然后在需要时再次加载。当训练完成时，你可以用 pickle 命令保存 CGAN 类：

```
import pickle
pickle.dump(gan, open('mnist.pkl', 'wb'))
```

这个例子保存了在 MNIST 数据集上训练的 CGAN。

当重启 Python 会话后，内存中的所有变量被清除。你可以再次导入所有的类，并恢复保存好的 CGAN：

```
from CGan import Dataset, CGan
import pickle
gan = pickle.load(open('mnist.pkl', 'rb'))
```

完成后，我们可以设置期望由 CGAN 生成的目标类（在这个例子中，我们要求输出数字 8）。你也可以要求输出单个示例、一个 5×5 网格或一个 10×10 网格的示例。代码如下：

```
nclass = 8
_ = gan.generate_new(target_class=nclass, rows=1, cols=1, plot=True)
_ = gan.generate_new(target_class=nclass, rows=5, cols=5, plot=True)
images = gan.generate_new(target_class=nclass, rows=10, cols=10, plot=True)
print(images.shape)
```

 如果你只想获得所有类的概览，把参数 target_class 设为-1 即可。

在设置了要生成的目标类之后，generate_new 函数会被调用 3 次，最后一次返回的值被存在变量 images 中，其大小为(100,28,28,1)，并且包含一个可复用的生成图像的 NumPy 数组。每次调用该函数，其都会绘制一个网格，如图 4-13 所示。generate_new 函数所绘制的网格是所生成图像的组合。图 4-13 中从左到右，分别是 1×1、5×5、10×10 的网格。由该函数返回的实际图像可以重用。

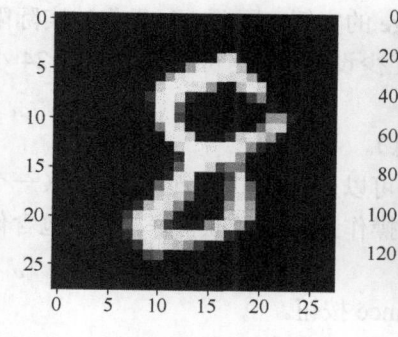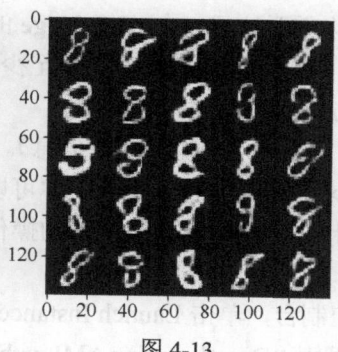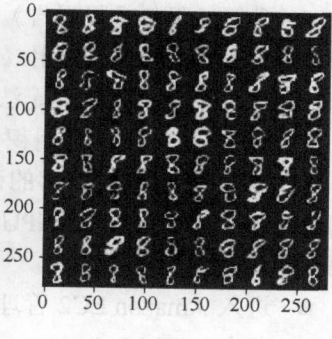

图 4-13

 如果你不想用 generate_new 函数来绘制网格，可以简单地将 plot 参数设为 False：
```
images = gan.generate_new(target_class=nclass, rows=10, cols=10,
                          plot=False).
```

4.4　使用 AWS 服务

如前所述，我们强烈建议你使用 GPU 来训练本章给出的示例。仅使用 CPU 在合理的时间内获得结果确实是不可能的，而且使用 CPU 可能意味着相当长时间的训练过程。一种付费的解决方案是，使用**亚马逊弹性计算云**（Amazon Elastic Compute Cloud），即 Amazon EC2，它是**亚马逊网络服务**（Amazon Web Service，AWS）的一部分。在 Amazon EC2 上，你可以启动虚拟服务器，并使用计算机通过网络连接来控制它。你可以在 Amazon EC2 上申请具有强大 GPU 的服务器，从而可以使 TensorFlow 项目变得更加简单。

Amazon EC2 并不是唯一的云服务。之所以推荐这个云服务，是因为我们在该云服务上测试了本书的代码。事实上，还有其他选择，如谷歌云计算、微软的 Azure，以及其他云服务等。

在 Amazon EC2 上运行本章的代码需要有一个 AWS 账户。如果没有，则需要注册，只需填写所有必要的表格，并启动一个免费的基本支持计划。

在 AWS 上注册之后，你可以登录并访问 Amazon EC2 页面，并可以在该页面执行以下操作。

- 从 EU（Ireland）、Asia Pacific（Tokyo）、US East（N.Virginia）和 US West（Oregon）选择一个距离近、价格低，并且支持自己需要的 GPU 实例类型的地区。
- 升级《服务受限报告》。你需要访问一个 **p3.2xlarge** 的实例。因此，如果你的实际限额为 0，则应该使用《请求限额增加》表格将其至少设为 1（这可能需要花费 24 小时，在完成之前你无法访问 p3.2xlarge 的实例）。
- 获得一些 AWS 信用积分（例如，提供信用卡信息）。

在选择地区并增加足够的请求限额和信用积分后，你可以启动 **p3.2xlarge** 服务器（一个用于深度学习应用程序的 GPU 计算服务器）。该服务器的操作系统已经准备好，其中包含你需要的所有软件。

- 进入 Amazon EC2 管理控制台，单击 Launch Instance 按钮。
- 单击 AWS Marketplace，搜索 "Deep Learning AMI with Source Code v2.0 (ami-bcce6ac4) AMI"。AMI 会预先安装 CUDA、cuDNN 和 TensorFlow。
- 选择 GPU 计算 p3.2xlarge 实例。这一实例拥有强大的 NVIDIA Tesla V100 GPU。
- 通过在 8888 端口添加可从任何地方访问的具有 TCP 的 Custom TCP Rule 来配置一个安全组（你可能会调用 Jupyter）。这将在计算机上运行 Jupyter 服务器，并可以在任何连接网络的计算机上看到界面。
- 创建身份验证密钥对（Authentication Key Pair，AKP）。例如，你可以将其命名为 deeplearning_jupyter.pem，并将其保存在本地计算机上一个方便访问的目录中。

- 启动实例。注意,从此刻开始需要付费,除非你在 AWS 菜单中停止该实例——这仍然会产生一些费用,只不过较少。你可以保存实例和所有数据,或者直接终止它,不再为此支付任何费用。

启动实例之后,你可以使用 SSH 从计算机访问服务器。

- 留意计算机的 IP 地址,例如 xx.xx.xxx.xxx。
- 从一个指向 .pem 文件所在目录的 Shell 中,输入:

```
ssh -i deeplearning_jupyter.pem ubuntu@ xx.xx.xxx.xxx
```

- 进入服务器后,通过输入以下命令来配置其 Jupyter 服务器:

```
jupyter notebook --generate-config
sed -ie "s/#c.NotebookApp.ip = 'localhost'/#c.NotebookApp.ip =
'*'/g" ~/.jupyter/jupyter_notebook_config.py
```

- 在服务器上复制代码(例如,通过 git 复制代码库)并安装任何可能需要的库。例如,你可以为本项目安装以下库:

```
sudo pip3 install tqdm
sudo pip3 install conda
```

- 用下面的命令启动 Jupyter 服务器:

```
jupyter notebook --ip=0.0.0.0 --no-browser
```

- 此时,服务器开始运行,远程 SSH 的 Shell 将输出来自 Jupyter Notebook 的日志。在这些日志中,请注意令牌(它是一个由数字和字母组成的序列)。
- 打开浏览器并在地址栏输入:

```
http://xx.xx.xxx.xxx:8888/
```

如有需要,请输入令牌,你就可以像在本地计算机上那样使用 Jupyter Notebook,但实际上它是在服务器上运行的。现在,你有了一个强大的 GPU 服务器,可以运行在 GAN 上的所有实例了。

4.5 致谢

在结束本章时,我们要感谢 Udacity 和 Mat Leonard 提供的 DCGAN 教程。该教程是由 MIT 授权的,为本项目提供了一个良好的开始和基准。

4.6 小结

在本章中，我们详细讨论了生成对抗网络的结构及其工作原理，以及出于不同目的训练和使用它的方法。我们还创建了一个 CGAN，使其可以根据用户的输入生成不同类型的图像，学习处理一些示例数据集并对其进行训练的方法，进而能够重用 GAN 网络并根据需要创建新图像。

第5章 利用 LSTM 预测股票价格

在本章中，我们主要介绍如何预测由实值组成的时间序列。具体来说，我们将根据一家在纽约证券交易所上市的公司所提供的股票历史价格信息来预测其股票价格走势。

本章主要包括以下内容：

- 收集股票的历史价格信息；
- 组织数据集，以进行时间序列预测；
- 利用回归方法预测某一只股票的未来价格；
- 长短期记忆（LSTM）神经网络入门；
- 如果用 LSTM 提高预测性能；
- 在 TensorBoard 上可视化模型性能。

我们将本章内容按照上述要点进行划分。此外，为了使本章的内容直观、易懂，对于每个要点，我们都会先在较简单的信号曲线（余弦信号）上进行模拟实验。这是因为余弦信号比股票价格更具有确定性，可以帮助你理解算法及其潜力。

此项目只是一个实验，只适用于已有的简单数据，无法保证真实场景中能有相同的性能。所以，请不要在真实场景中使用本章的代码和模型。记住，投资有风险，无法保证你总能盈利。

5.1 输入数据集（余弦信号和股票价格）

我们将使用两组一维的信号数据作为时间序列进行实验。第一组数据是添加了均匀噪声的余弦信号。

下面的函数用于生成余弦信号。函数的参数包括需要生成的数据的个数、信号频率以及噪声（均匀生成器的绝对强度）。为保证实验可复现，我们在函数中设置了随机数种子。代码如下：

```
def fetch_cosine_values(seq_len, frequency=0.01, noise=0.1):
    np.random.seed(101)
    x = np.arange(0.0, seq_len, 1.0)
    return np.cos(2 * np.pi * frequency * x) +
                    np.random.uniform(low=-noise, high=noise, size=seq_len)
```

输出包含 10 个数据点且振幅为 0.1 的余弦信号，并加入[−0.1,0.1]的随机噪声，运行如下命令：

```
print(fetch_cosine_values(10, frequency=0.1))
```

输出如下：

```
[1.00327973 0.82315051 0.21471184 -0.37471266 -0.7719616 -0.93322063
-0.84762375 -0.23029438 0.35332577 0.74700479]
```

我们将用这些数据作为股票价格，也就是说，时间序列的每个点都是一个一维特征，代表当天股票的价格。

第二组数据来自真实的金融市场。金融数据很珍贵且不易获取，所以本节用 Python 库 quandl 来获取这些数据。quandl 易用、便宜（每天可免费查询固定次数），并且非常适合本章的任务（预测股票价格）。如果你对自动交易感兴趣，则需要更多的数据来支持，例如从此库的高级版本中获取数据，或利用一些其他的库或数据源。

quandl 是一个 API，Python 库是 API 的包装器。你可以在提示符中运行以下命令来查看返回的结果：

```
$> curl "**********quandl****/api/v3/datasets/WIKI/FB/data.csv"
Date,Open,High,Low,Close,Volume,Ex-Dividend,Split Ratio,Adj. Open,Adj.
High,Adj. Low,Adj. Close,Adj. Volume
2017-08-18,166.84,168.67,166.21,167.41,14933261.0,0.0,1.0,166.84,168.67,166.21,
167. 41,14933261.0
2017-08-17,169.34,169.86,166.85,166.91,16791591.0,0.0,1.0,169.34,169.86,166.85,
166. 91,16791591.0
2017-08-16,171.25,171.38,169.24,170.0,15580549.0,0.0,1.0,171.25,171.38,169.24,170.0,
15580549.0
2017-08-15,171.49,171.5,170.01,171.0,8621787.0,0.0,1.0,171.49,171.5,170.01,171.0,
8621787.0
...
```

结果是 CSV 格式的，每一行包含时间、开盘价、当天最高价和最低价、收盘价、调整价格以及一些成交量指标，并按照时间由近到远排序。我们需要的是调整后的收盘价，因此只需要获取 Adj. Close 这一列。

 调整后的收盘价是指经过股息、分割或合并调整后的股票收盘价。

需要注意，许多在线服务提供的是未经调整的收盘价或开盘价，所以可能会与 quandl 提供的不一致。

有了这些数据，我们需要构建一个 Python 函数，用 Python API 提取调整后的收盘价。本章只需要调用 quandl.get 函数，quandl API 的完整文档可在 quandl 官方文档中查看。注意，默认的排序方式是升序排序，即股票价格是按照时间从远到近排序的。

将要构建的函数应该能够缓存调用，并可以指定初始时间戳和截止时间戳以及股票代码，以获取历史数据。代码如下：

```
def date_obj_to_str(date_obj):
    return date_obj.strftime('%Y-%m-%d')

def save_pickle(something, path):
    if not os.path.exists(os.path.dirname(path)):
        os.makedirs(os.path.dirname(path))
    with open(path, 'wb') as fh:
        pickle.dump(something, fh, pickle.DEFAULT_PROTOCOL)

def load_pickle(path):
    with open(path, 'rb') as fh:
    return pickle.load(fh)

def fetch_stock_price(symbol,from_date,to_date, cache_path="./tmp/prices/"):
    assert(from_date <= to_date)
    filename = "{}_{}_{}.pk".format(symbol, str(from_date), str(to_date))
    price_filepath = os.path.join(cache_path, filename)
    try:
        prices = load_pickle(price_filepath)
        print("loaded from", price_filepath)
    except IOError:
        historic = quandl.get("WIKI/" + symbol,
        start_date = date_obj_to_str(from_date),
        end_date = date_obj_to_str(to_date))
        prices = historic["Adj. Close"].tolist()
        save_pickle(prices, price_filepath)
        print("saved into", price_filepath)
    return prices
```

fetch_stock_price 函数返回一个一维数组，其中包含所需股票代码的股票价格，价格按照 from_date 到 to_date 来排序。缓存在函数内完成，即如果找不到缓存内容，则会调用 quandl API。date_obj_to_str 是一个辅助函数，用于将 datetime.date 转化为该 API 所需的正确字符串格式。

下面的代码用于输出 2017 年 1 月谷歌公司的股票价格（股票代码为 GOOG）：

```
import datetime
print(fetch_stock_price("GOOG",
```

```
        datetime.date(2017, 1, 1),
        datetime.date(2017, 1, 31)))
```

输出如下:

[786.14, 786.9, 794.02, 806.15, 806.65, 804.79, 807.91, 806.36, 807.88,804.61, 806.07, 802.175, 805.02, 819.31, 823.87, 835.67, 832.15, 823.31, 802.32, 796.79]

要让脚本都可以调用上述函数,你应把这些函数都写入一个 Python 文件中。例如,本书的代码都保存在 `tools.py` 文件中。

5.2　格式化数据集

经典的机器学习算法一般用多组观测值进行训练,每组观测值的大小(特征数)都是预先定义的。但是,用时间序列数据来训练和预测时,我们无法预先定义其大小(或长度),因为无法让模型既能适用于 10 天之内的数据,又能适用于 3 年之内的数据。

解决方法很简单,我们可以在保持特征维度大小不变的情况下改变观测值的数量。每个观测值代表了时间序列上的一个时间窗口,向右滑动一个窗口就可以创建一个新的观测值。代码如下:

```
def format_dataset(values, temporal_features):
    feat_splits = [values[i:i + temporal_features] for i in
range(len(values) - temporal_features)]
    feats = np.vstack(feat_splits)
    labels = np.array(values[temporal_features:])
    return feats, labels
```

传入时间序列和特征数量之后,`format_dataset` 函数会创建一个滑动窗口来遍历时间序列,并生成观测值和标签(每次迭代时滑动窗口最后的值)。最后,请将所有观测值和标签分别按列排列。输出是一个列数确定的观测矩阵和一个标签向量。请将此函数写入 `tools.py` 文件中,以便后续使用。

以下代码绘制出了余弦信号开始的两个振幅。在这个例子中,我们将代码保存在一个名为 `1_visualization_data.py` 的 Python 脚本中:

```
import datetime
import matplotlib.pyplot as plt
import numpy as np
import seaborn
from tools import fetch_cosine_values, fetch_stock_price, format_dataset
np.set_printoptions(precision=2)
```

```
cos_values = fetch_cosine_values(20, frequency=0.1)
seaborn.tsplot(cos_values)
plt.xlabel("Days since start of the experiment")
plt.ylabel("Value of the cosine function")
plt.title("Cosine time series over time")
plt.show()
```

上述代码很容易理解。在导入几个软件包后，程序绘制出一个周期为 10（频率为 0.01）的、包含 20 个点的余弦时间序列，如图 5-1 所示。

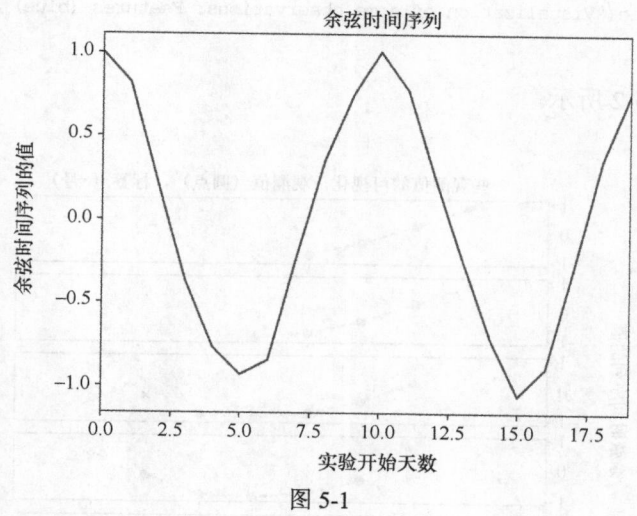

图 5-1

为了让时间序列数据可作为机器学习算法的输入，我们需要将其格式化。以下代码将时间序列数据格式化为包含 5 列的观测矩阵：

```
features_size = 5
minibatch_cos_X, minibatch_cos_y =format_dataset(cos_values,
features_size)
print("minibatch_cos_X.shape=", minibatch_cos_X.shape)
print("minibatch_cos_y.shape=", minibatch_cos_y.shape)
```

输入是包含 20 个点的时间序列数据，输出是一个尺寸为 15×15 的观测矩阵和包含 15 个元素的标签向量。当然，如果改变特征数量，观测矩阵的行数也会发生改变。

我们可以将整个操作可视化，使其更易于理解。例如，绘制观测矩阵的前 5 个观测值及其对应的标签（在图 5-2 中用×标记）：

```
samples_to_plot = 5
```

```
f, axarr = plt.subplots(samples_to_plot, sharex=True)
for i in range(samples_to_plot):
    feats = minibatch_cos_X[i, :]
    label = minibatch_cos_y[i]
    print("Observation {}: X={} y={}".format(i, feats, label))
    plt.subplot(samples_to_plot, 1, i+1)
    axarr[i].plot(range(i, features_size + i), feats, '--o')
    axarr[i].plot([features_size + i], label, 'rx')
    axarr[i].set_ylim([-1.1, 1.1])
plt.xlabel("Days since start of the experiment")
axarr[2].set_ylabel("Value of the cosine function")
axarr[0].set_title("Visualization of some observations: Features (blue) and Labels (red)")
plt.show()
```

运行结果如图 5-2 所示。

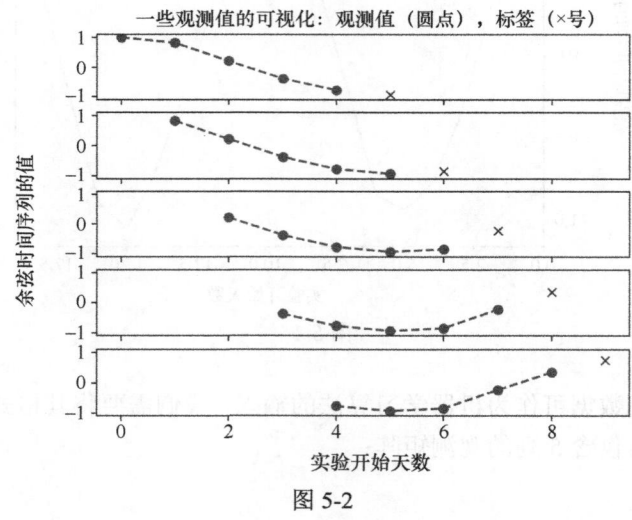

图 5-2

可以看到，时间序列数据已被转化为观测向量，每个向量的大小都是 5。

接下来展示的是将股票价格输出为时间序列时的可视化结果。首先，我们选了一些美国知名公司（你也可自行添加喜欢的公司）过去一年的股票价格走势。图 5-3 只展示了 2015 年和 2016 年的股票价格走势。本章后文也会用到这些数据，所以需要将其存储起来：

```
symbols = ["MSFT", "KO", "AAL", "MMM", "AXP", "GE", "GM", "JPM", "UPS"]
ax = plt.subplot(1,1,1)
```

```
for sym in symbols:
    prices = fetch_stock_price(
    sym, datetime.date(2015, 1, 1), datetime.date(2016, 12, 31))
    ax.plot(range(len(prices)), prices, label=sym)

handles, labels = ax.get_legend_handles_labels()
ax.legend(handles, labels)
plt.xlabel("Trading days since 2015-1-1")
plt.ylabel("Stock price [$]")
plt.title("Prices of some American stocks in trading days of 2015 and  2016")
plt.show()
```

运行结果如图 5-3 所示。

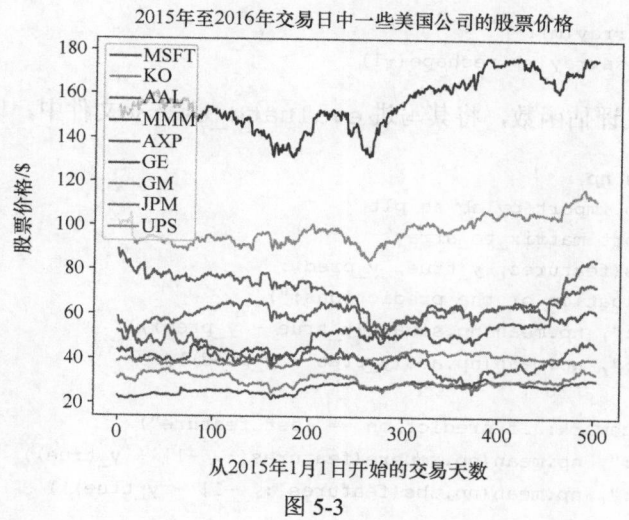

图 5-3

图 5-3 中的每条线都代表了一个时间序列，就像我们使用的余弦时间序列那样，而它在这里被转化为观测矩阵（利用 format_dataset 函数）。

经过简单的处理后，数据准备好了，接下来我们介绍项目中有趣的数据科学部分。

5.3　用回归模型预测股票价格

准备好了观测矩阵和标签向量，我们首先尝试将预测未来的股票价格作为一个回归问题来处理。回归问题的原理其实很简单：给定一个数值类型向量，预测一个数值类型的值。把这个问题当作回归问题，理想情况下，我们需要使算法认为每个特征都是相互独立的。然而在这个问题中恰恰相反，每个特征都是相关的，因为它们是相同时间序列的时间窗口。无论如何，我们先从"每个特征都是相互独立的"这个简单的假设开始，然后在 5.4 节展示如何利用时间的相关性来提高模型的性能。

为了评估模型，我们将构建一个函数，使其输入为观测矩阵、实际的标签以及预测的标签，使其输出为评估指标——可以使用**均方误差**（Mean Square Error，MSE）和**平均绝对误差**（Mean Absolute Error，MAE）。该函数同时将训练、测试和预测的时间序列绘制在同一张图中，以便你能直观地观测到模型的性能。为了比较结果，我们还加入了一些评估指标，以防没有使用任何模型，即简单地预测后一天的股票价格，并将其作为今天的股票价格（在股市中，这意味着我们将预测明天的股票价格，并将其作为今天的股票价格）。

在此之前，我们需要用一个辅助函数将观测矩阵转化为一维数组。本章后文还要在多个脚本中用到此辅助函数，所以我们将其写在 `tools.py` 文件中：

```
def matrix_to_array(m):
    return np.asarray(m).reshape(-1)
```

然后，我们定义评估函数，将其写进 `evaluate_ts.py` 文件中，以便其他脚本调用：

```
import numpy as np
from matplotlib import pylab as plt
from tools import matrix_to_array
def evaluate_ts(features, y_true, y_pred):
    print("Evaluation of the predictions:")
    print("MSE:", np.mean(np.square(y_true - y_pred)))
    print("mae:", np.mean(np.abs(y_true - y_pred)))

    print("Benchmark: if prediction == last feature")
    print("MSE:", np.mean(np.square(features[:, -1] - y_true)))
    print("mae:", np.mean(np.abs(features[:, -1] - y_true)))

    plt.plot(matrix_to_array(y_true), 'b')
    plt.plot(matrix_to_array(y_pred), 'r--')
    plt.xlabel("Days")
    plt.ylabel("Predicted and true values")
    plt.title("Predicted (Red) VS Real (Blue)")
    plt.show()

    error = np.abs(matrix_to_array(y_pred) - matrix_to_array(y_true))
    plt.plot(error, 'r')
    fit = np.polyfit(range(len(error)), error, deg=1)
    plt.plot(fit[0] * range(len(error)) + fit[1], '--')
    plt.xlabel("Days")
    plt.ylabel("Prediction error L1 norm")
```

```
plt.title("Prediction error (absolute) and trendline")
plt.show()
```

接下来我们开始构建模型。如前所述，我们先在余弦信号上进行预测，再在股票价格上进行预测。

请将下面的代码写入另一个文件中，例如写入 2_regression_cosion.py 文件中。

首先，导入一些软件包，并为 numpy 和 tensorflow 设置随机数种子：

```
import matplotlib.pyplot as plt
import numpy as np
import tensorflow as tf
from evaluate_ts import evaluate_ts
from tensorflow.contrib import rnn
from tools import fetch_cosine_values, format_dataset

tf.reset_default_graph()
tf.set_random_seed(101)
```

接下来，构建余弦信号，并将其转换成一个观测矩阵。在这个例子中，我们将特征数量设置为 20（这个数大约相当于一个月的工作日天数），那么该回归问题可描述为"给定余弦信号上的 20 个点，预测下一个点的值"。

这里分别用 250 个观测值作为训练集和测试集，这个数字大致等于一年可获取的数据量（一年的工作日天数小于 250 天）。本项目会生成一个余弦信号曲线，并将此曲线分成两部分：前半部分用于训练，后半部分用于测试。你可以按照自己的需求重新进行划分，并观测以下参数变化时模型性能的变化：

```
feat_dimension = 20
train_size = 250
test_size = 250
```

然后我们会定义一些 TensorFlow 所需要的参数，即 learning_rate、optimizer 和 n_epochs（训练时使用全部训练样本训练的轮数）。这里给出的参数值并不是最优组合，你可以自行调整以优化模型性能。代码如下：

```
learning_rate = 0.01
optimizer = tf.train.AdamOptimizer
n_epochs = 10
```

接下来，准备用于训练和测试的观测矩阵。注意，在训练和测试中会使用 float32（4B 长度）来加快 TensorFlow 的计算。代码如下：

```
cos_values = fetch_cosine_values(train_size + test_size + feat_dimension)
minibatch_cos_X, minibatch_cos_y = format_dataset(cos_values,feat_dimension)
```

```
train_X = minibatch_cos_X[:train_size, :].astype(np.float32)
train_y = minibatch_cos_y[:train_size].reshape((-1,1)).astype(np.float32)
test_X = minibatch_cos_X[train_size:, :].astype(np.float32)
test_y = minibatch_cos_y[train_size:].reshape((-1, 1)).astype(np.float32)
```

有了这些数据，我们就可以为观测矩阵和标签设置占位符。这只是一段通用的代码，所以不设置观测值的数量，仅设置特征的数量：

```
X_tf = tf.placeholder("float", shape=(None, feat_dimension), name="X")
y_tf = tf.placeholder("float", shape=(None, 1), name="y")
```

接下来我们介绍本项目的核心：回归算法在 TensorFlow 中的实现。

我们将使用经典的方式来实现回归算法，即观测矩阵与权重数组相乘后加上偏置。返回的结果是一个数组，包含数据集 x 中所有观测值的预测结果：

```
def regression_ANN(x, weights, biases):
    return tf.add(biases, tf.matmul(x, weights))
```

接下来，定义回归算法需要训练的参数，这些参数也是 TensorFlow 的变量。权重是一个向量，该向量包含的元素数量与特征数量相同，而偏置是一个标量。

 注意，我们使用截断正态分布初始化权重，使权重值接近零，又不至于太极端（这是普通正态分布可能会导致的），并将偏置设置为零。

同样，你可以通过更改初始化方式来调整模型性能：

```
weights = tf.Variable(tf.truncated_normal([feat_dimension, 1], mean=0.0,
stddev=1.0), name="weights")
biases = tf.Variable(tf.zeros([1, 1]), name="bias")
```

最后，在 TensorFlow 中定义计算预测结果的方法（本项目较简单，模型的输出就是预测结果）、损失（本例使用 MSE）以及训练模型的方式（利用前文设置的优化器和学习率来最小化 MSE）：

```
y_pred = regression_ANN(X_tf, weights, biases)
cost = tf.reduce_mean(tf.square(y_tf - y_pred))
train_op = optimizer(learning_rate).minimize(cost)
```

接下来打开 TensorFlow 会话，并训练模型。先初始化变量，然后在一个循环结构中将训练集传递给 TensorFlow（用占位符）。每次迭代中，输出训练集上的 MSE。代码如下：

```
with tf.Session() as sess:
    sess.run(tf.global_variables_initializer())
```

```
# For each epoch, the whole training set is feeded into the tensorflow graph

for i in range(n_epochs):
    train_cost, _ = sess.run([cost, train_op], feed_dict={X_tf: train_X, y_tf: train_y})
    print("Training iteration", i, "MSE", train_cost)

# After the training, let's check the performance on the test set
test_cost, y_pr = sess.run([cost, y_pred], feed_dict={X_tf: test_X, y_tf: test_y})
print("Test dataset:", test_cost)

# Evaluate the results
evaluate_ts(test_X, test_y, y_pr)

# How does the predicted look like?
plt.plot(range(len(cos_values)), cos_values, 'b')
plt.plot(range(len(cos_values)-test_size, len(cos_values)), y_pr, 'r--')
plt.xlabel("Days")
plt.ylabel("Predicted and true values")
plt.title("Predicted (Red) VS Real (Blue)")
plt.show()
```

训练完毕后，计算测试集上 MSE 的评估结果，并绘制模型的性能图。

直接用脚本中设置的默认值来训练模型，其效果不如无建模方式的效果。通过一些参数的调整，结果会有所改善。例如，设置 learning-rate 为 0.1、epochs 为 1000，脚本的输出会类似以下结果：

```
Training iteration 0 MSE 4.39424
Training iteration 1 MSE 1.34261
Training iteration 2 MSE 1.28591
Training iteration 3 MSE 1.84253
Training iteration 4 MSE 1.66169
Training iteration 5 MSE 0.993168
...
...
Training iteration 998 MSE 0.00363447
Training iteration 999 MSE 0.00363426
Test dataset: 0.00454513
Evaluation of the predictions:
MSE: 0.00454513
mae: 0.0568501
Benchmark: if prediction == last feature
MSE: 0.964302
mae: 0.793475
```

可以看到，模型在训练集和测试集上的表现很相近（由此可知模型没有过拟合），MSE 和 MAE 这两个指标均优于无模型预测。

模型在每个时间点上的预测误差率情况如图 5-4 所示。可以看到，误差率在[−0.15,+0.15] 内，且没有随着时间的变化而形成升高或降低的趋势。这是因为在本章的开头为余弦信号引入的噪声值在[−0.1,+0.1]内均匀分布。

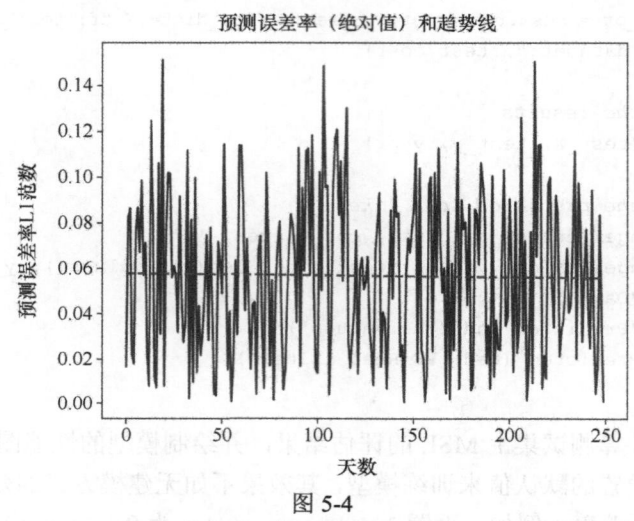

图 5-4

如图 5-5 所示，模型预测的时间序列与真实的时间序列会重叠在一起。对一个简单的线性回归来说，这个结果是令人满意的。

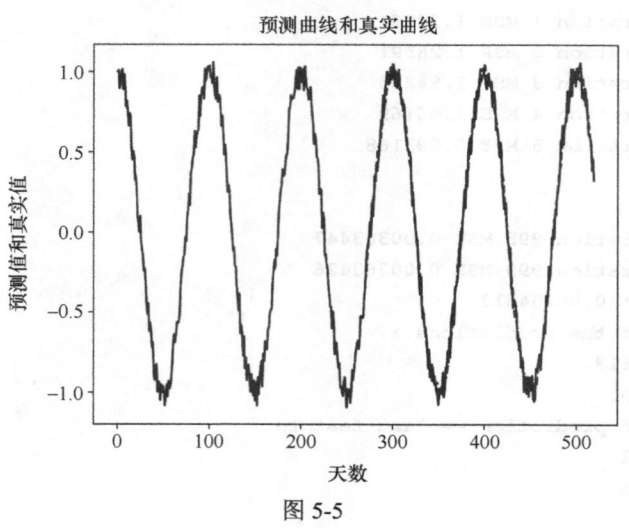

图 5-5

接下来，我们将同样的模型应用到股票价格上。请把前文所述的文件的内容复制并保存到一个新文件中，并将其命名为 3_regression_stock_price.py。这里只需要改变导入数据的方式，其余的保持不变。

在接下来的例子中，我们用的是微软公司的股票价格，其股票代码是 MSFT。使用之前构建的函数 fetch_stock_price，我们可以轻松获取微软公司 2015 年和 2016 年的股票价格，并把股票价格数据格式化为观测矩阵。以下代码包含了 float32 数据类型转换和训练集/测试集划分。我们用 2015 年的数据进行训练，以预测 2016 年的股票价格：

```
symbol = "MSFT"
feat_dimension = 20
train_size = 252
test_size = 252 - feat_dimension


# Settings for tensorflow
learning_rate = 0.05
optimizer = tf.train.AdamOptimizer
n_epochs = 1000


# Fetch the values, and prepare the train/test split
stock_values = fetch_stock_price(symbol, datetime.date(2015, 1, 1),
datetime.date (2016, 12, 31))
minibatch_cos_X, minibatch_cos_y = format_dataset(stock_values, feat_dimension)
train_X = minibatch_cos_X[:train_size, :].astype(np.float32)
train_y = minibatch_cos_y[:train_size].reshape((-1, 1)).astype(np.float32)
test_X = minibatch_cos_X[train_size:, :].astype(np.float32)
test_y = minibatch_cos_y[train_size:].reshape((-1, 1)).astype(np.float32)
```

经尝试发现，将脚本中的参数做如下设置时，模型表现最好：

```
learning_rate = 0.5
n_epochs = 20000
optimizer = tf.train.AdamOptimizer
```

脚本会有类似以下的输出：

```
Training iteration 0 MSE 15136.7
Training iteration 1 MSE 106385.0
Training iteration 2 MSE 14307.3
Training iteration 3 MSE 15565.6
...
...
Training iteration 19998 MSE 0.577189
Training iteration 19999 MSE 0.57704
```

```
Test dataset: 0.539493
Evaluation of the predictions:
MSE: 0.539493
mae: 0.518984
Benchmark: if prediction == last feature
MSE: 33.7714
mae: 4.6968
```

在这个例子中，模型依然没有过拟合，简单的回归模型比无模型的预测效果好。模型最初开始训练时，损失特别高，但是一次又一次的迭代之后，损失会趋于 0。同样，因为本例预测的是实际股票价格，所以用 MAE 作为评估指标很容易理解。基于模型预测第二年的股票价格，与真实股票价格平均差 0.5 美元；而不做任何学习的模型的预测股票价格与真实股票价格相差近 9 倍之多。

接下来，我们直观地评估模型的性能。图 5-6 所示的是模型的预测股票价格和真实股票价格。

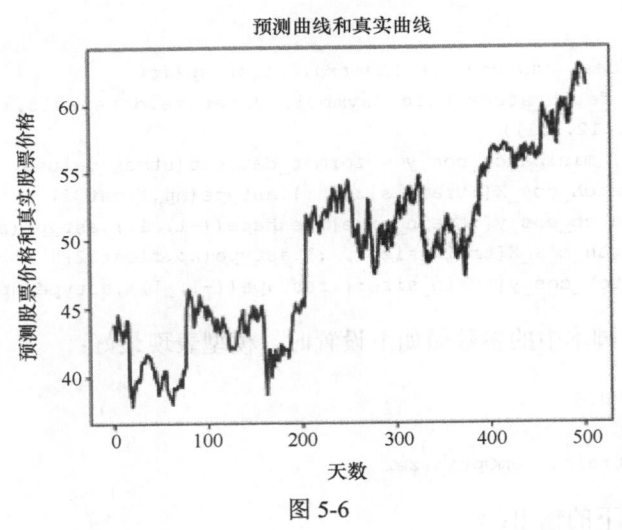

图 5-6

图 5-7 所示的是绝对误差，虚线代表绝对误差的趋势。

图 5-8 所示的是测试集中的真实股票价格和预测股票价格。

注意，这些只是简单的回归模型的性能，此模型没有利用特征之间的时间相关性。那么，如何更好地利用特征的时间相关性来提升模型的性能呢？

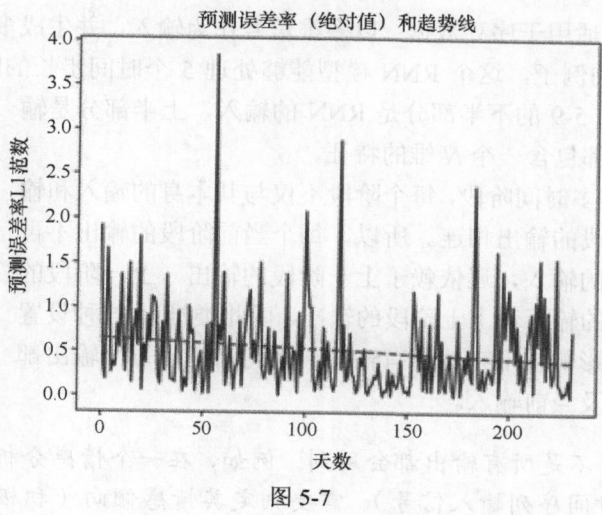

图 5-7

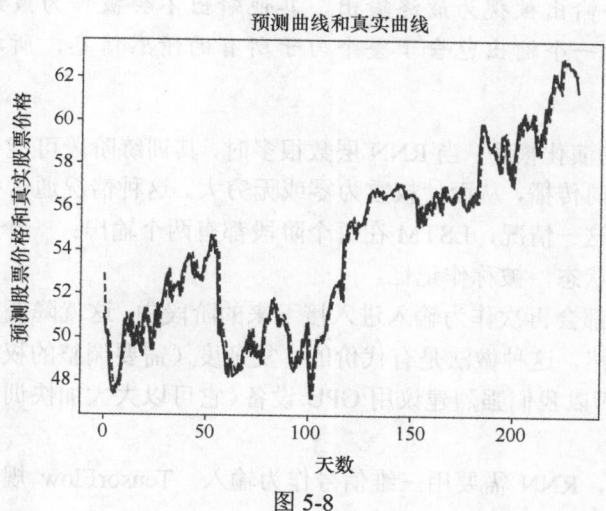

图 5-8

5.4 长短期记忆神经网络入门

长短期记忆（Long Short-Term Memory，LSTM）神经网络模型是循环神经网络（Recurrent Neural Network，RNN）的特例。本节不会给出对 LSTM 全面且严谨的描述，只讲述其精髓。

 如果你对 LSTM 感兴趣，请参考这两本书：*Neural Network Programming with TensorFlow* 和 *Neural Networks with R*。

简单来说，RNN 适用于序列数据：以多维信号作为输入，并生成多维输出信号。图 5-9 所示的是一个 RNN 的例子，这个 RNN 模型能够处理 5 个时间步长的时间序列（每个时间步长是一个输入）。图 5-9 的下半部分是 RNN 的输入，上半部分是输出。每个输入或输出都包含一个 N 维的特征。

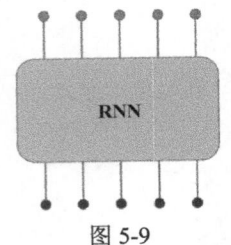

图 5-9

RNN 的内部有许多时间阶段，每个阶段不仅与其本身的输入和输出相连，也与上一阶段的输出相连。所以，每个当前阶段的输出不再仅仅依赖于当前阶段的输入，还依赖于上一阶段的输出（上一阶段的输出依赖于上一阶段的输入和上上阶段的输出，以此类推）。这种设置保证每个输入都可以影响接下来的所有输出，换句话说，每个输出都依赖于前面所有输入及当前输入。

> 注意，并不是所有输出都会用到。例如，在一个情感分析任务中，给定一个句子（时间序列输入信号），需要判定其情感倾向（积极/消极），这时只有最后一个输出被视为最终输出，其他输出不会被作为最终输出使用。因为只有最后一个输出包含了整个句子所有的情感信息，所以只会使用最后一个输出。

LSTM 是 RNN 的演化模型：当 RNN 层数很多时，其训练阶段可能会导致极小或极大的梯度在整个网络中反向传播，从而使权重为零或无穷大。这种情况通常被表述为**梯度消失**或**梯度爆炸**。为了缓解这一情况，LSTM 在每个阶段都有两个输出：一个是模型的实际输出；另一个是阶段的内部状态，被称作记忆。

上述的每个输出都会再次作为输入进入接下来的阶段中，这就降低了梯度消失或梯度爆炸出现的可能性。当然，这种做法是有代价的：复杂度（需要调整的权重数量）和模型占用的内存空间会更大。所以我们强烈建议用 GPU 设备（它可以大大加快训练过程）来训练 RNN 模型！

与回归模型不同，RNN 需要用三维信号作为输入。TensorFlow 规定数据需要按以下格式输入：

- 样本；
- 时间步长；
- 特征。

在前面的情感分析例子中，训练张量是三维的：x 轴代表所有输入的句子，y 轴代表构成句子的单词，z 轴代表词典中的单词。例如，要对包含 100 万条句子的英语语料库（大约包含 20000 个不同的单词）进行句子情感分析，且每条句子最长包含 50 个单词，那么训练张量的维度为 $1000000 \times 50 \times 20000$。

5.5 利用 LSTM 进行股票价格预测

LSTM 有利于探测信号中所包含的时间冗余信息。我们在 5.4 节介绍了观测矩阵需要格式化成三维的张量：第一个坐标轴包含数据样本；第二个坐标轴包含时间序列；第三个坐标轴包含输入的特征。

因为处理的是一维的信号数据，所以我们将 LSTM 的输入张量格式化为（None, time_dimension,1），其中 time_dimension 表示时间窗口的大小。我们先从余弦信号开始编写代码（建议你将文件命名为 4_rnn_cosine.py）。首先，导入软件包：

```
import matplotlib.pyplot as plt
import numpy as np
import tensorflow as tf
from evaluate_ts import evaluate_ts
from tensorflow.contrib import rnn
from tools import fetch_cosine_values, format_dataset
tf.reset_default_graph()
tf.set_random_seed(101)
```

接下来，设置时间窗口的大小来给信号分块（此操作与创建观测矩阵类似）：

```
time_dimension = 20
train_size = 250
test_size = 250
```

然后，对 TensorFlow 进行一些设置，首先使用默认的值：

```
learning_rate = 0.01
optimizer = tf.train.AdagradOptimizer
n_epochs = 100
n_embeddings = 64
```

生成有噪声的余弦信号，并把这些数据重塑为三维张量格式(None, time_dimension,1)。代码如下：

```
cos_values = fetch_cosine_values(train_size + test_size + time_dimension)
minibatch_cos_X, minibatch_cos_y = format_dataset(cos_values, time_dimension)
train_X = minibatch_cos_X[:train_size, :].astype(np.float32)
train_y = minibatch_cos_y[:train_size].reshape((-1, 1)).astype(np.float32)
test_X = minibatch_cos_X[train_size:, :].astype(np.float32)
test_y = minibatch_cos_y[train_size:].reshape((-1, 1)).astype(np.float32)
train_X_ts = train_X[:, :, np.newaxis]
test_X_ts = test_X[:, :, np.newaxis]
```

为 TensorFlow 定义占位符：

```
X_tf = tf.placeholder("float", shape=(None, time_dimension, 1), name="X")
y_tf = tf.placeholder("float", shape=(None, 1), name="y")
```

接下来定义模型。嵌入层中不同个数的"神经元"会对模型性能产生不同的影响，因此我们会用具有不同神经元个数的嵌入层进行实验。如前所述，这里我们只用通过线性回归后（全连接层）的最后一个输出作为预测结果：

```
def RNN(x, weights, biases):
    x_ = tf.unstack(x, time_dimension, 1)
    lstm_cell = rnn.BasicLSTMCell(n_embeddings)
    outputs, _ = rnn.static_rnn(lstm_cell, x_, dtype=tf.float32)
    return tf.add(biases, tf.matmul(outputs[-1], weights))
```

接下来，设置可训练变量（weights），并设置 cost 函数和训练操作：

```
weights = tf.Variable(tf.truncated_normal([n_embeddings, 1], mean=0.0,
stddev=1.0), name="weights")
biases = tf.Variable(tf.zeros([1]), name="bias")
y_pred = RNN(X_tf, weights, biases)
cost = tf.reduce_mean(tf.square(y_tf - y_pred))
train_op = optimizer(learning_rate).minimize(cost)

# Exactly as before, this is the main loop.
with tf.Session() as sess:
    sess.run(tf.global_variables_initializer())

    # For each epoch, the whole training set is feeded into the tensorflow graph
    for i in range(n_epochs):
        train_cost, _ = sess.run([cost, train_op], feed_dict={X_tf:
train_X_ts, y_tf: train_y})
        if i%100 == 0:
            print("Training iteration", i, "MSE", train_cost)

    # After the training, let's check the performance on the test set
    test_cost, y_pr = sess.run([cost, y_pred], feed_dict={X_tf: test_X_ts,
y_tf: test_y})
    print("Test dataset:", test_cost)

    # Evaluate the results
    evaluate_ts(test_X, test_y, y_pr)

    # How does the predicted look like?
```

```
plt.plot(range(len(cos_values)), cos_values, 'b')
plt.plot(range(len(cos_values)-test_size, len(cos_values)), y_pr, 'r--')
plt.xlabel("Days")
plt.ylabel("Predicted and true values")
plt.title("Predicted (Red) VS Real (Blue)")
plt.show()
```

经过超参数优化后，输出如下：

```
Training iteration 0 MSE 0.0603129
Training iteration 100 MSE 0.0054377
Training iteration 200 MSE 0.00502512
Training iteration 300 MSE 0.00483701
...
Training iteration 9700 MSE 0.0032881
Training iteration 9800 MSE 0.00327899
Training iteration 9900 MSE 0.00327195
Test dataset: 0.00416444
Evaluation of the predictions:
MSE: 0.00416444
mae: 0.0545878
```

模型的表现与本章用简单线性回归模型的表现很相近。那么，在股票价格这种不那么可预测的信号数据上，LSTM 是否会表现得更好一些呢？接下来，我们会用之前获取的时间序列数据进行实验，来比较模型的性能。

首先需要对之前的代码进行修改，将获取余弦信号数据修改为获取股票价格数据。只需要修改几行代码就可以加载股票价格数据：

```
stock_values = fetch_stock_price(symbol, datetime.date(2015, 1, 1),
datetime.date (2016, 12, 31))
    minibatch_cos_X, minibatch_cos_y = format_dataset(stock_values, time_dimension)
    train_X = minibatch_cos_X[:train_size, :].astype(np.float32)
    train_y = minibatch_cos_y[:train_size].reshape((-1, 1)).astype(np.float32)
    test_X = minibatch_cos_X[train_size:, :].astype(np.float32)
    test_y = minibatch_cos_y[train_size:].reshape((-1, 1)).astype(np.float32)
    train_X_ts = train_X[:, :, np.newaxis]
    test_X_ts = test_X[:, :, np.newaxis]
```

股票价格数据的信号的振动范围更广，因此还需要调整初始权重的分布。我们可以试着做如下设置：

```
weights = tf.Variable(tf.truncated_normal([n_embeddings, 1], mean=0.0,
stddev=10.0), name="weights")
```

经过几次测试，我们发现对参数做如下设置时模型的表现最好：

```
learning_rate = 0.1
n_epochs = 5000
n_embeddings = 256
```

使用上述参数，模型的输出如下：

Training iteration 200 MSE 2.39028
Training iteration 300 MSE 1.39495
Training iteration 400 MSE 1.00994
...
Training iteration 4800 MSE 0.593951
Training iteration 4900 MSE 0.593773
Test dataset: 0.497867
Evaluation of the predictions:
MSE: 0.497867
mae: 0.494975

LSTM 的结果相比于之前的模型（在测试集上的 MSE）有 8% 的提升。注意，这是有代价的。训练的参数越多，花费的训练时间越长（一般在有 GPU 的计算机上需要花费几分钟）。最后我们介绍 TensorBoard 的使用方法。添加以下代码以写入日志。

导入软件包后，在文件的开头进行添加：

```
import os
tf_logdir = "./logs/tf/stock_price_lstm"
os.makedirs(tf_logdir, exist_ok=1)
```

RNN 函数整体需要在 LSTM 的命名空间中，即：

```
def RNN(x, weights, biases):
    with tf.name_scope("LSTM"):
        x_ = tf.unstack(x, time_dimension, 1)
        lstm_cell = rnn.BasicLSTMCell(n_embeddings)
        outputs, _ = rnn.static_rnn(lstm_cell, x_, dtype=tf.float32)
        return tf.add(biases, tf.matmul(outputs[-1], weights))
```

类似地，损失函数也需要写在 TensorFlow 的范围内。我们也会在 TensorFlow 添加 mae 的计算方法：

```
y_pred = RNN(X_tf, weights, biases)
with tf.name_scope("cost"):
    cost = tf.reduce_mean(tf.square(y_tf - y_pred))
    train_op = optimizer(learning_rate).minimize(cost)
    tf.summary.scalar("MSE", cost)
```

```
with tf.name_scope("mae"):
    mae_cost = tf.reduce_mean(tf.abs(y_tf - y_pred))
    tf.summary.scalar("mae", mae_cost)
```

主函数如下:

```
with tf.Session() as sess:
    writer = tf.summary.FileWriter(tf_logdir, sess.graph)
    merged = tf.summary.merge_all()
    sess.run(tf.global_variables_initializer())

    # For each epoch, the whole training set is feeded into the tensorflow graph
    for i in range(n_epochs):
        summary, train_cost, _ = sess.run([merged, cost, train_op], feed_dict={X_tf:
train_X_ts, y_tf: train_y})
        writer.add_summary(summary, i)
        if i%100 == 0:
            print("Training iteration", i, "MSE", train_cost)
    # After the training, let's check the performance on the test set
    test_cost, y_pr = sess.run([cost, y_pred], feed_dict={X_tf: test_X_ts, y_tf:test_y})
    print("Test dataset:", test_cost)
```

这样就可以将每个块的范围分离,并为训练的参数生成一份报告。

接下来启动 TensorBoard:

```
$> tensorboard --logdir=./logs/tf/stock_price_lstm
```

打开浏览器,输入 localhost:6006,就可以在第一个选项卡中看到 MSE 和 mae 的
曲线,如图 5-10 所示。

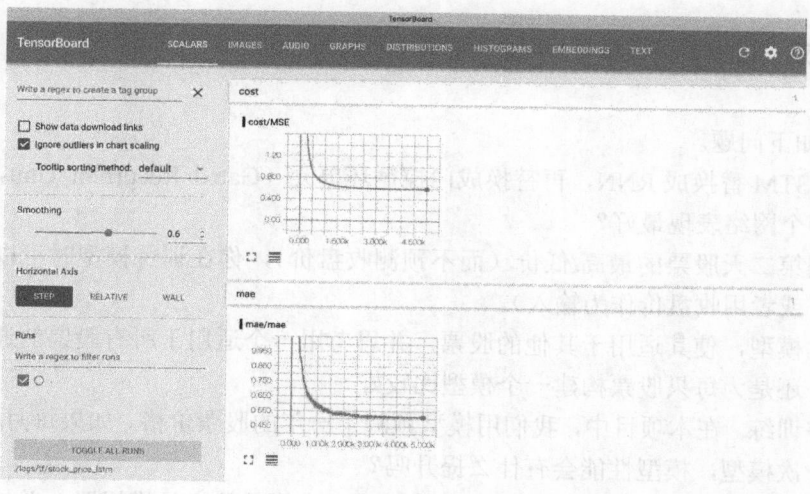

图 5-10

图 5-10 中两条曲线的趋势不错，均为先下降，然后趋于平稳。你也可以在 TensorFlow 图（在 **GRAPHS** 选项卡中）中看到模型的各个组成部分如何互相连接，以及所做的运算是如何相互影响的。你还可以通过放大图来查看 LSTM 是如何在 TensorFlow 构建的，如图 5-11 所示。

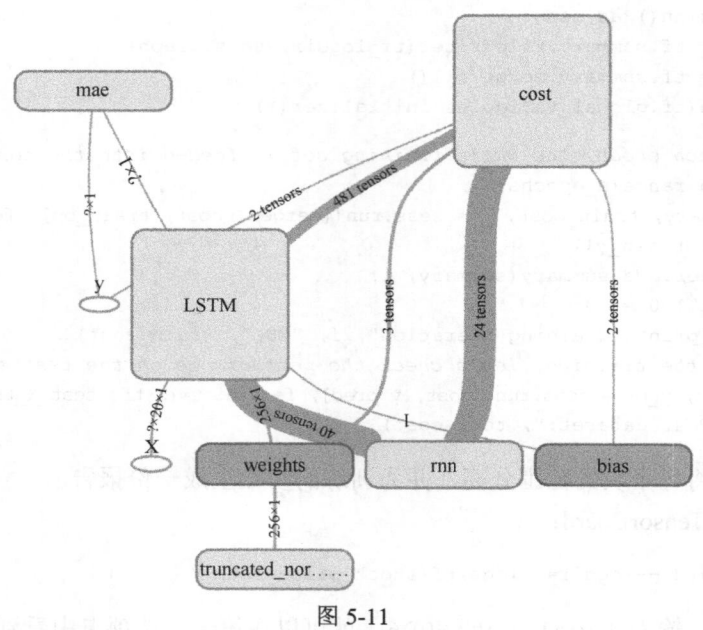

图 5-11

至此，这个项目就结束了。

5.6　练习

请思考如下问题。

- 把 LSTM 替换成 RNN，再替换成门控循环单元（Gated Recurrent Unit，GRU），那么哪个网络表现最好？
- 预测第二天股票的最高/低价（而不预测收盘价），你在训练模型时可以用相同的特征（或者用收盘价作为输入）。
- 优化模型，使其适用于其他的股票，并思考用一个适用于所有股票的通用模型比较好，还是为每只股票构建一个模型比较好？
- 调整训练。在本项目中，我们用模型预测了一年的股票价格。如果每月/每周/每天训练一次模型，模型性能会有什么提升吗？
- 如果你具备一些金融知识，可以试着构建一个简单的交易模拟器，并按照预测结果来交易。假如初始资金是 100 美元，一年后，你是赚了，还是赔了？

5.7 小结

在本章中，我们介绍了如何进行时间序列的预测。具体来说，我们观察了 RNN 在真实的股票价格数据上的表现。第 6 章将介绍 RNN 的另一个应用——机器翻译，把句子从一种语言翻译成另一种语言。

第6章 构建和训练机器翻译模型

在本章中，我们将训练一个**人工智能**（Artificial Intelligence，AI）模型，用于实现两种语言之间的翻译。具体来说，我们将训练一个机器翻译模型，用于将德语句子翻译成英语句子。同时，本章所构建的模型适用于任意两种语言的互译。

本章主要包括以下内容：

- 机器翻译系统架构；
- 语料库预处理；
- 训练机器翻译模型；
- 测试及翻译。

6.1 机器翻译系统架构

机器翻译系统可以接收一种语言的任意句子作为输入，并将其翻译（输出）成以另一种语言表示的具有相同含义的句子，例如谷歌翻译就是一个翻译模型（其他 IT 公司也开发了自己的机器翻译系统）。在翻译网页上，用户可以在 100 多种语言间进行选择并翻译。这些网页的使用方法也非常简单：如图 6-1 所示，在左边的输入框中输入需要翻译的句子（例如，Hello world），然后选择输入句子的语言（本例中，我们选择英语），最后选择要翻译成的语言即可。

图 6-1 所示的是一个把"Hello world"这个英语句子翻译成法语句子的例子。

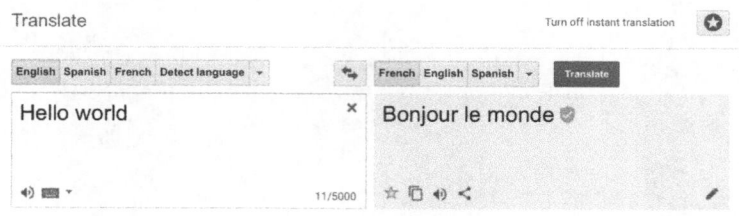

图 6-1

是不是很简单呢？乍一看，你可能认为这是一个简单的字典替换。单词被分块后在特定的英法词典上查找，然后用每个词的译文来代替。事实并非如此。在这个例子中，英语句子有两个单词，而法语句子有 3 个单词。更进一步，对于一些动词短语（例如 turn up、turn off、turn on、turn down 等）、所有格、语法性、时态、条件句等，它们并不总是能直接被翻译——正确的翻译往往需要考虑句子的上下文。

这也解释了为什么在做机器翻译时通常需要用到人工智能工具。具体来讲，很多**自然语言处理**（Natural Language Processing，NLP）任务往往需要用到**循环神经网络**。我们在第 5 章中介绍了 RNN，此模型的主要特征是其适用于序列数据，即输入一个序列后，它可以输出另一个序列。本章旨在构建一个正确的模型，给定一个句子作为输入序列，将其对应的翻译作为输出序列。注意，这个过程并不容易，而采用其他解决方式也可以得到相同的结果。这里展示的是一种简单、有效的解决方式。

首先从语料库开始，语料库可能是最难找的，因为它需要包含许多句子的高保真翻译（从一种语言到另一种语言的翻译）。幸运的是，著名的用于自然语言处理的 Python 包——自然语言处理工具包（Natural Language Toolkit，NLTK）包含了 Comtrans 语料库。Comtrans 是 combination approach to machine translation 的缩写，其包含了德语、法语和英语的对齐语料库。

本项目使用 Comtrans 语料库的原因如下。

● 在 Python 中很容易下载和导入。
● 不需要为了从硬盘或互联网读入语料库而写函数，NLTK 已将此功能封装成了函数。
● 所需空间小，可以在许多笔记本电脑上使用。
● 可以从互联网上免费下载。

我们将构建一个机器翻译系统，把德语翻译成英语。我们在 Comtrans 语料库中随机挑选了这两种语言（你也可以自行选择语言种类）。本项目所使用的模型可以适用于任何两种语言的互译。

你可以输入以下命令来查看语料库的格式：

```
from nltk.corpus import comtrans
print(comtrans.aligned_sents('alignment-de-en.txt')[0])
```

输出如下：

```
<AlignedSent: 'Wiederaufnahme der S...' -> 'Resumption of the se...'>
```

调用函数 aligned_sents 后，我们可以看到一对对的句子。文件名包含要翻译的源语言名和目标语言名。接下来我们要让此项目实现把德语翻译成英语的功能。该函数返回的对象是 nltk.translate.api.AlignedSent 类的一个实例。相关说明文档显示，第一种语言可以通过访问该类的属性 words 获得，而第二种语言通过访问属性 mots 获得。所以，为了分别提取德语句子和其相应的英语句子，我们需要运行以下代码：

```
print(comtrans.aligned_sents()[0].words)
print(comtrans.aligned_sents()[0].mots)
```

运行结果如下：

```
['Wiederaufnahme', 'der', 'Sitzungsperiode']
['Resumption', 'of', 'the', 'session']
```

可以看到，句子已经被分割好了，并且看起来像序列数据。实际上，这些句子是 RNN 的输入和输出（但愿如此），而这个 RNN 模型可以将德语句子翻译成英语句子。

此外，如果想要理解语言的动态性，你可以参考 Comtrans 提供的翻译时单词的对齐方式：

```
print(comtrans.aligned_sents()[0].alignment)
```

运行结果如下：

```
0-0 1-1 1-2 2-3
```

德语句子中的第一个单词对应到翻译后英语句子的第一个单词（Wiederaufnahme 对应 Resumption），第二个单词对应到翻译后英语句子的第二个和第三个单词（der 对应 of 和 the），第三个单词对应到翻译后英语句子的第四个单词（Sitzungsperiode 对应 session）。

6.2　语料库预处理

语料库预处理的第一步是检索语料库，第二步则要把这些操作封装成一个正式的函数。为了方便其他脚本调用，我们把这些函数写入 corpora_tools.py 文件中。

首先导入一些软件包：

```
import pickle
import re
from collections import Counter
from nltk.corpus import comtrans
```

构建函数，以检索语料库：

```
def retrieve_corpora(translated_sentences_l1_l2='alignment-de-en.txt'):
    print("Retrieving corpora: {}".format(translated_sentences_l1_l2))
    als = comtrans.aligned_sents(translated_sentences_l1_l2)
    sentences_l1 = [sent.words for sent in als]
    sentences_l2 = [sent.mots for sent in als]
    return sentences_l1, sentences_l2
```

retrieve_corpora 函数的参数是一个文件名，即包含 NLTK Comtrans 语料库对齐句子的文件。该函数返回两个句子列表（实际是进行一系列分割后的句子的列表），其中一个采用的是源语言（本例中的德语），另一个采用的是翻译后的目标语言（本例中的英语）。

在单独的 Python REPL 上，对此函数进行测试：

```
sen_l1, sen_l2 = retrieve_corpora()
print("# A sentence in the two languages DE & EN")
print("DE:", sen_l1[0])
print("EN:", sen_l2[0])
print("# Corpora length (i.e. number of sentences)")
print(len(sen_l1))
assert len(sen_l1) == len(sen_l2)
```

运行结果如下：

```
Retrieving corpora: alignment-de-en.txt
# A sentence in the two languages DE & EN
DE: ['Wiederaufnahme', 'der', 'Sitzungsperiode']
EN: ['Resumption', 'of', 'the', 'session']
# Corpora length (i.e. number of sentences)
33334
```

程序也输出了每个语料库中的句子数，并断言源语言与目标语言的句子数量相等。

接下来，需要做的是清理分割词。具体来讲，我们需要分割标点符号，并把所有分割词改成小写。为此，我们在 corpora_tools.py 中创建一个新的函数 clean_sentence，并用 regex 模块执行进一步的分割：

```
def clean_sentence(sentence):
    regex_splitter = re.compile("([!?.,:;$\"')( ])")
    clean_words = [re.split(regex_splitter, word.lower()) for word in sentence]
    return [w for words in clean_words for w in words if words if w]
```

在 REPL 中测试这个函数：

```
clean_sen_l1 = [clean_sentence(s) for s in sen_l1]
clean_sen_l2 = [clean_sentence(s) for s in sen_l2]
print("# Same sentence as before, but chunked and cleaned")
print("DE:", clean_sen_l1[0])
print("EN:", clean_sen_l2[0])
```

上述代码输出与前文相同的句子，但是句子被分块并清理：

```
DE: ['wiederaufnahme', 'der', 'sitzungsperiode']
EN: ['resumption', 'of', 'the', 'session']
```

接下来，我们需要过滤掉特别长且无法处理的句子。因为本章的目标是保证模型可以在本地计算机上运行，所以应该将句子长度限制为 N 个切词结果。在本例中，我们设置 $N=20$，以便可以在 24 小时之内完成模型训练。如果计算机的性能比较好，你可以将 N 设置得大一些。为了使函数足够通用，我们将默认句子长度设置为 0，即空切词集。

函数的逻辑很简单：如果一个句子或其译文的分割词集长度大于 N，则这个句子和其对应的翻译会被删除。代码如下：

```
def filter_sentence_length(sentences_l1, sentences_l2, min_len=0, max_len=20):
    filtered_sentences_l1 = []
    filtered_sentences_l2 = []
    for i in range(len(sentences_l1)):
        if min_len <= len(sentences_l1[i]) <= max_len and \
                min_len <= len(sentences_l2[i]) <= max_len:
            filtered_sentences_l1.append(sentences_l1[i])
            filtered_sentences_l2.append(sentences_l2[i])
    return filtered_sentences_l1, filtered_sentences_l2
```

同样，在 REPL 中查看经过滤后的剩余句子数量（最开始有 33000 多个句子）：

```
filt_clean_sen_l1, filt_clean_sen_l2 = filter_sentence_length(clean_sen_l1, clean_sen_l2)
print("# Filtered Corpora length (i.e. number of sentences)")
print(len(filt_clean_sen_l1))
assert len(filt_clean_sen_l1) == len(filt_clean_sen_l2)
```

运行结果如下：

```
# Filtered Corpora length (i.e. number of sentences)
14788
```

过滤后还剩下将近 15000 个句子，基本上是原语料库中句子数量的一半。

接下来，为了使用人工智能模型，我们需要将句子转化成数字，于是为每种语言创建了一个词典。这个词典需要包含大部分的单词，但我们可以丢弃一些在语言中出现频率较低的单词。即使对于词频-逆文档频率（Term Frequency-Inverse Document Frequency，TF-IDF），即一个文档中的单词词频乘以它的逆文档频率（表示这个单词在多少个文档中出现过），这也是一种常见的做法，会丢弃罕见的单词以加速计算，并使得结果更具可扩展性和通用性。我们还需要在每个词典中设置 4 个特殊的符号：

- 用来表示补全（后文会进行解释）的符号；
- 用来分割两个句子的符号；

- 用来表示句子结尾的符号；
- 用来表示未知单词（例如很罕见的单词）的符号。

为此，我们创建了一个新的脚本 data_utils.py，并将下面的代码写入此脚本中：

```
_PAD = "_PAD"
_GO = "_GO"
_EOS = "_EOS"
_UNK = "_UNK"
_START_VOCAB = [_PAD, _GO, _EOS, _UNK]
PAD_ID = 0
GO_ID = 1
EOS_ID = 2
UNK_ID = 3
OP_DICT_IDS = [PAD_ID, GO_ID, EOS_ID, UNK_ID]
```

在 corpora_tools.py 文件中添加下面的函数：

```
import data_utils

def create_indexed_dictionary(sentences, dict_size=10000,storage_path=None):
    count_words = Counter()
    dict_words = {}
    opt_dict_size = len(data_utils.OP_DICT_IDS)
    for sen in sentences:
        for word in sen:
            count_words[word] += 1
    dict_words[data_utils._PAD] = data_utils.PAD_ID
    dict_words[data_utils._GO] = data_utils.GO_ID
    dict_words[data_utils._EOS] = data_utils.EOS_ID
    dict_words[data_utils._UNK] = data_utils.UNK_ID

    for idx, item in enumerate(count_words.most_common(dict_size)):
        dict_words[item[0]] = idx + opt_dict_size
    if storage_path:
        pickle.dump(dict_words, open(storage_path, "wb"))
    return dict_words
```

create_indexed_dictionary 函数的参数包括用于构建词典的句子列表 sentences、词典大小 dict_size 以及存储路径 storage_path。词典是在训练模型时构建的，测试阶段只加载模型，且需要保证相关联的切词结果或符号与训练阶段使用的一致。如果独立的切词数超过所设置的词典大小，则需要保留出现次数较多的词语。最后，词典包含每种语言的切词结果及其与 ID 的映射关系。

构建好词典后，我们需要将分词结果替换为其 ID，为此需要构建一个函数：

```
def sentences_to_indexes(sentences, indexed_dictionary):
    indexed_sentences = []
    not_found_counter = 0
    for sent in sentences:
        idx_sent = []
        for word in sent:
            try:
                idx_sent.append(indexed_dictionary[word])
            except KeyError:
                idx_sent.append(data_utils.UNK_ID)
                not_found_counter += 1
        indexed_sentences.append(idx_sent)
    print('[sentences_to_indexes] Did not find {} words'.format(not_found_counter))
    return indexed_sentences
```

这一步不难理解，切词结果被其 ID 所替换。如果词语不在词典里，就用未知切词的 ID 替换。你可以在 REPL 中查看经过上述步骤后句子的变化：

```
dict_l1 = create_indexed_dictionary(filt_clean_sen_l1, dict_size=15000,
storage_path= "/tmp/l1_dict.p")
    dict_l2 = create_indexed_dictionary(filt_clean_sen_l2, dict_size=10000,
storage_path= "/tmp/l2_dict.p")
    idx_sentences_l1 = sentences_to_indexes(filt_clean_sen_l1, dict_l1)
    idx_sentences_l2 = sentences_to_indexes(filt_clean_sen_l2, dict_l2)
    print("# Same sentences as before, with their dictionary ID")
    print("DE:", list(zip(filt_clean_sen_l1[0], idx_sentences_l1[0])))
```

下面这段代码将句子的切词和其对应的 ID 一起输出为元组。在 RNN 中需要用到的只是每个元组中的第二个元素，即 ID（整数型）。

```
# Same sentences as before, with their dictionary ID
DE: [('wiederaufnahme', 1616), ('der', 7), ('sitzungsperiode', 618)]
EN: [('resumption', 1779), ('of', 8), ('the', 5), ('session', 549)]
```

注意，对于频繁出现的词语，例如英语中的 the 与 of 以及德语中 der，它们的 ID 值很小。因为 ID 是按词语的使用程度排序的（详见 create_indexed_dictionary 函数的内部算法）。

即便通过过滤来限制句子的最大长度，我们也应该创建一个函数来计算句子的最大长度。如果计算机的性能特别好，就不需要对句子长度做限制，只需要记录输入 RNN 的句子的最大长度：

```
def extract_max_length(corpora):
    return max([len(sentence) for sentence in corpora])
```

对句子执行以下的代码：

```
max_length_l1 = extract_max_length(idx_sentences_l1)
max_length_l2 = extract_max_length(idx_sentences_l2)
print("# Max sentence sizes:")
print("DE:", max_length_l1)
print("EN:", max_length_l2)
```

运行结果如下：

```
# Max sentence sizes:
DE: 20
EN: 20
```

最后的预处理步骤是补全。由于要求输入 RNN 的句子长度相同，因此需要对较短的句子进行补全。同样，为了让 RNN 知道句子的开头和结尾，我们还需要插入开头和结尾的标记。

综上所述，补全步骤如下。

- 补全输入序列，使得所有序列包含 20 个切词结果。
- 补全输出序列，使得所有序列包含 20 个切词结果。
- 在每个输出序列的开头插入 _GO 标记，在结尾插入 _EOS 标记，用于定位翻译的开始和结束。

实现上述功能的代码（保存到 corpora_tools.py 中）如下：

```
def prepare_sentences(sentences_l1, sentences_l2, len_l1, len_l2):
    assert len(sentences_l1) == len(sentences_l2)
    data_set = []
    for i in range(len(sentences_l1)):
        padding_l1 = len_l1 - len(sentences_l1[i])
        pad_sentence_l1 = ([data_utils.PAD_ID]*padding_l1) + sentences_l1[i]
        padding_l2 = len_l2 - len(sentences_l2[i])
        pad_sentence_l2 = [data_utils.GO_ID] + sentences_l2[i] + [data_utils.EOS_ID] +
([data_utils.PAD_ID] * padding_l2)
        data_set.append([pad_sentence_l1, pad_sentence_l2])
    return data_set
```

用数据集中第一个句子进行测试：

```
data_set = prepare_sentences(idx_sentences_l1, idx_sentences_l2,
max_length_l1, max_length_l2)
print("# Prepared minibatch with paddings and extra stuff")
print("DE:", data_set[0][0])
print("EN:", data_set[0][1])
```

```
print("# The sentence pass from X to Y tokens")
print("DE:", len(idx_sentences_l1[0]), "->", len(data_set[0][0]))
print("EN:", len(idx_sentences_l2[0]), "->", len(data_set[0][1]))
```

运行结果如下：

```
# Prepared minibatch with paddings and extra stuff
DE: [0, 0, 0, 0, 0, 0, 0, 0, 0, 0, 0, 0, 0, 0, 0, 0, 0, 1616, 7, 618]
EN: [1, 1779, 8, 5, 549, 2, 0, 0, 0, 0, 0, 0, 0, 0, 0, 0, 0, 0, 0, 0, 0, 0]
# The sentence pass from X to Y tokens
DE: 3 -> 20
EN: 4 -> 22
```

可以看到，输入句子和输出句子都用 0（0 对应于词典中的 _PAD）补全成了固定的长度，在输出句子的开头和结尾分别标记了 1 和 2。已有文献证明，在输入句子的开头和输出句子的结尾进行补全，效果比较好。执行补全步骤后，输入句子的长度为 20，输出句子的长度为 22。

6.3　训练机器翻译模型

到目前为止，我们已经讲述了语料库预处理的步骤，接下来讲述如何训练机器翻译模型。该模型其实已经在 TensorFlow 模型库中并可以直接使用，可供用户从 GitHub 官方网站下载。

 该模型以 Apache 2.0 方式授权。该模型 2015 版权所有者为 TensorFlow 的作者。其受 Apache 2.0 许可保护，未经授权不得使用。除非法律另有规定或有书面、软件授权同意，授权分发参照"原样提供，且不提供任何形式的保证和条件"（AS IS BASIS, WITHOUT WARRANTIES OR CONDITIONS OF ANY KIND）进行。你可以查看特定语言许可的条款及此许可下的一系列限制。

先创建一个名为 train_translator.py 的新文件，然后导入一些软件包，并设置一些常量。我们会把词典、模型及其检查点保存在 /tmp/ 目录中：

```
import time
import math
import sys
import pickle
import glob
import os
import tensorflow as tf
from seq2seq_model import Seq2SeqModel
from corpora_tools import *
```

```
path_l1_dict = "/tmp/l1_dict.p"
path_l2_dict = "/tmp/l2_dict.p"
model_dir = "/tmp/translate "
model_checkpoints = model_dir + "/translate.ckpt"
```

接下来，定义一个函数 build_dataset，把已创建的工具都应用起来。该函数的输入参数为一个布尔类型的标签，输出为语料库。具体来说，如果输入参数是 False，该函数会从零开始构建词典并保存它，否则该函数会直接从路径中读取词典。代码如下：

```
def build_dataset(use_stored_dictionary=False):
    sen_l1, sen_l2 = retrieve_corpora()
    clean_sen_l1 = [clean_sentence(s) for s in sen_l1]
    clean_sen_l2 = [clean_sentence(s) for s in sen_l2]
    filt_clean_sen_l1, filt_clean_sen_l2 =
filter_sentence_length(clean_sen_l1, clean_sen_l2)

    if not use_stored_dictionary:
        dict_l1 = create_indexed_dictionary(filt_clean_sen_l1,
dict_size=15000, storage_ path=path_l1_dict)
        dict_l2 = create_indexed_dictionary(filt_clean_sen_l2,
dict_size=10000, storage_ path=path_l2_dict)
    else:
        dict_l1 = pickle.load(open(path_l1_dict, "rb"))
        dict_l2 = pickle.load(open(path_l2_dict, "rb"))

    dict_l1_length = len(dict_l1)
    dict_l2_length = len(dict_l2)

    idx_sentences_l1 = sentences_to_indexes(filt_clean_sen_l1, dict_l1)
    idx_sentences_l2 = sentences_to_indexes(filt_clean_sen_l2, dict_l2)

    max_length_l1 = extract_max_length(idx_sentences_l1)
    max_length_l2 = extract_max_length(idx_sentences_l2)

    data_set = prepare_sentences(idx_sentences_l1, idx_sentences_l2,
max_length_l1, max_length_l2)
    return (filt_clean_sen_l1, filt_clean_sen_l2), \
        data_set, \
        (max_length_l1, max_ length_l2),\
        (dict_l1_length, dict_l2_length)
```

上述函数返回的结果包括经过清洗的句子、数据集、句子的最大长度以及词典的大小。

同样，还需要有一个函数来清理模型。每次重新训练时，请清空存放模型的目录。用以下简单的函数可以实现这一功能：

```
def cleanup_checkpoints(model_dir, model_checkpoints):
    for f in glob.glob(model_checkpoints + "*"):
    os.remove(f)
    try:
        os.mkdir(model_dir)
    except FileExistsError:
        pass
```

最后，以可重用的方式创建模型：

```
def get_seq2seq_model(session, forward_only, dict_lengths,
max_sentence_lengths, model_dir):
    model = Seq2SeqModel(
            source_vocab_size=dict_lengths[0],
            target_vocab_size=dict_lengths[1],
            buckets=[max_sentence_lengths],
            size=256,
            num_layers=2,
            max_gradient_norm=5.0,
            batch_size=64,
            learning_rate=0.5,
            learning_rate_decay_factor=0.99,
            forward_only=forward_only,
            dtype=tf.float16)
    ckpt = tf.train.get_checkpoint_state(model_dir)
    if ckpt and tf.train.checkpoint_exists(ckpt.model_checkpoint_path):
        print("Reading model parameters from {}".format(ckpt.model_checkpoint_path))
        model.saver.restore(session, ckpt.model_checkpoint_path)
    else:
        print("Created model with fresh parameters.")
        session.run(tf.global_variables_initializer())
    return model
```

get_seq2seq_model 函数调用模型的构建函数，并传入以下参数：
- 源语言（本例中的德语）的词典大小；
- 目标语言（本例中的英语）的词典大小；
- "桶"结构（已将所有序列补全成了固定的长度，故本例的"桶"中只有一组数值）；
- LSTM 内部神经元个数；
- 堆叠在一起的 LSTM 层的层数；
- 梯度的最大范数（用于梯度裁剪）；
- 小批量的大小（每个训练步骤的观测值数量）；
- 学习率；
- 学习率衰减因子；

- 模型的方向；
- 数据的类型（本例中用 float16 类型，它是一个占用 2 字节的 float 类型）。

为了使模型训练得又快又好，我们在代码中对上述参数的值进行了设置。你可以通过修改这些值来观察模型的性能变化。

get_seq2seq_model 函数中 if-else 的作用是：如果模型已经存在，则直接从检查点检索模型。实际上，这个函数也将用于解码器中，以便在测试集上检测和建模。

最后，训练机器翻译模型的函数如下：

```
def train():
    with tf.Session() as sess:
        model = get_seq2seq_model(sess, False, dict_lengths,
max_sentence_lengths, model_dir)
        # This is the training loop.
        step_time, loss = 0.0, 0.0
        current_step = 0
        bucket = 0
        steps_per_checkpoint = 100
        max_steps = 20000
        while current_step < max_steps:
            start_time = time.time()
            encoder_inputs, decoder_inputs, target_weights =
model.get_batch([data_ set], bucket)
            _, step_loss, _ = model.step(sess, encoder_inputs,
decoder_inputs, target_ weights, bucket, False)
            step_time += (time.time() - start_time) / steps_per_checkpoint
            loss += step_loss / steps_per_checkpoint
            current_step += 1
            if current_step % steps_per_checkpoint == 0:
                perplexity = math.exp(float(loss)) if loss < 300 else float("inf")
                print ("global step {} learning rate {} step-time {}
perplexity {}".format( model.global_step.eval(), model.learning_rate.eval(), step_time, perplexity))
                sess.run(model.learning_rate_decay_op)
                model.saver.save(sess, model_checkpoints, global_step=model.global_step)
                step_time, loss = 0.0, 0.0
                encoder_inputs, decoder_inputs, target_weights =
model.get_batch([data_ set], bucket)
                _, eval_loss, _ = model.step(sess, encoder_inputs,
decoder_inputs, target_weights, bucket, True)
                eval_ppx = math.exp(float(eval_loss)) if eval_loss < 300
else float("inf")
                print(" eval: perplexity {}".format(eval_ppx))
                sys.stdout.flush()
```

该函数首先构建模型。此外，该函数设置了表示每个检查点间隔步骤的常数以及表示步骤最大值的常数。具体来讲，上述代码做到每 100 步保存一次模型，并设置步骤最大值为 20000 次。如果程序耗时太久，你可以自行中断此程序：每个检查点包含一个训练好的模型，这样可使解码器将使用最新版本的模型。

接下来是 while 循环结构。在每次循环中，模型会获取小批量（这里设置的大小为 64）的数据。get_batch 方法返回的对象是输入（源序列数据）、输出（目标序列数据）以及模型的权重。step 方法会对模型的训练进行一次迭代，并返回当前小批量数据上的模型损失情况。模型的训练就是这么简单！

为实现每 100 步报告模型性能和存储模型，我们输出模型前 100 步的平均困惑度（越低越好），并保存检查点。困惑度（perplexity）可以用于衡量预测的不确定程度：越能确定下一个词语是什么，输出句子的困惑度就越低。此外，重置计数器后，我们在小批量测试集数据（在本例中，直接对数据集进行随机小批量采样）上用同样的标准来度量，并输出其性能，然后进行下一次训练迭代。

出于改进目的，我们使用了学习率衰减因子，每 100 次迭代后会对学习率进行衰减。本例中的衰减因子是 0.99，这使得训练过程能更快收敛，结果也更加稳定。

接下来我们将所有函数组合起来。为了创建一个既可以由命令行调用，也可以由其他脚本导入的脚本，我们创建一个 main 函数，如下所示：

```
if __name__ == "__main__":
    _, data_set, max_sentence_lengths, dict_lengths = build_dataset(False)
    cleanup_checkpoints(model_dir, model_checkpoints)
    train()
```

在控制台中，我们可以使用非常简单的命令来训练机器翻译系统：

```
$> python train_translator.py
```

在没有 NVIDIA GPU 的普通笔记本电脑上，如果想要困惑度低于 10，模型的训练可能会需要一天多的时间（至少多于 12 小时）。输出如下：

```
Retrieving corpora: alignment-de-en.txt
[sentences_to_indexes] Did not find 1097 words
[sentences_to_indexes] Did not find 0 words
Created model with fresh parameters.
global step 100 learning rate 0.5 step-time 4.3573073434829713 perplexity
526.6638556683066
eval: perplexity 159.2240770935855
[...]
global step 10500 learning rate 0.180419921875 step-time
4.35106209993362414 perplexity 2.0458043055629487
eval: perplexity 1.86460060006241982
[...]
```

6.4 测试和翻译

翻译的代码存储在 `test_translator.py` 中。首先导入一些软件包，并设置预训练模型的路径：

```
import pickle
import sys
import numpy as np
import tensorflow as tf
import data_utils
from train_translator import (get_seq2seq_model, path_l1_dict, path_l2_dict, build_dataset)
model_dir = "/tmp/translate"
```

接下来，构建一个函数来解码 RNN 生成的输出序列。注意，序列是多维的，每一维对应着一个单词的概率，而我们将选择概率最大的那个单词。在逆序词典的帮助下，我们可以很轻易地找出实际单词是什么，然后去掉标志位（字符串中补全、开始及结束的标志）并将结果输出。

在本例中，我们对训练集中的前 5 个句子进行解码。这 5 个句子都是直接从原始语料库中提取的。你可以在句子中插入新的字符串，也可以用其他语料库进行测试：

```
def decode():
    with tf.Session() as sess:
        model = get_seq2seq_model(sess, True, dict_lengths,
max_sentence_lengths, model_dir)
        model.batch_size = 1
        bucket = 0
        for idx in range(len(data_set))[:5]:
            print("-------------------")
            print("Source sentence: ", sentences[0][idx])
            print("Source tokens: ", data_set[idx][0])
            print("Ideal tokens out: ", data_set[idx][1])
            print("Ideal sentence out: ", sentences[1][idx])
            encoder_inputs, decoder_inputs, target_weights =
model.get_batch(bucket: [(data_set[idx][0], [])]}, bucket)
            _, _, output_logits = model.step(sess, encoder_inputs,
decoder_inputs,target_weights, bucket, True)
            outputs = [int(np.argmax(logit, axis=1)) for logit in
output_logits]
            if data_utils.EOS_ID in outputs:
                outputs = outputs[1:outputs.index(data_utils.EOS_ID)]
            print("Model output: ", "".
".join([tf.compat.as_str(inv_dict_l2[output]) for output in outputs]))
            sys.stdout.flush()
```

这里仍需要用到一个 main 函数，以便在命令行中调用：

```
if __name__ == "__main__":
    dict_l2 = pickle.load(open(path_l2_dict, "rb"))
    inv_dict_l2 = {v: k for k, v in dict_l2.items()}
    build_dataset(True)
    sentences, data_set, max_sentence_lengths, dict_lengths = build_dataset(False)
    try:
        print("Reading from", model_dir)
        print("Dictionary lengths", dict_lengths)
        print("Bucket size", max_sentence_lengths)
    except NameError:
        print("One or more variables not in scope. Translation not possible")
        exit(-1)
    decode()
```

上述代码的运行结果如下：

```
Reading model parameters from /tmp/translate/translate.ckpt-10500
-------------------
Source sentence: ['wiederaufnahme', 'der', 'sitzungsperiode']
Source tokens: [0, 0, 0, 0, 0, 0, 0, 0, 0, 0, 0, 0, 0, 0, 0, 0, 0, 1616, 7,618]
Ideal tokens out: [1, 1779, 8, 5, 549, 2, 0, 0, 0, 0, 0, 0, 0, 0, 0, 0, 0, 0, 0,
0, 0]
Ideal sentence out: ['resumption', 'of', 'the', 'session']
Model output: resumption of the session
-------------------
Source sentence: ['ich', 'bitte', 'sie', ',', 'sich', 'zu', 'einer', 'schweigeminute',
'zu', 'erheben', '.']
Source tokens: [0, 0, 0, 0, 0, 0, 0, 0, 0, 13, 266, 22, 5, 29, 14, 78, 3931, 14,
2414, 4]
Ideal tokens out: [1, 651, 932, 6, 159, 6, 19, 11, 1440, 35, 51, 2639, 4, 2, 0, 0,
0, 0, 0, 0, 0, 0]
Ideal sentence out: ['please', 'rise', ',', 'then', ',', 'for', 'this', 'minute',
"'", 's', 'silence', '.']
Model output: i ask you to move , on an approach an approach .
-------------------
Source sentence: ['(', 'das', 'parlament', 'erhebt', 'sich', 'zu', 'einer',
'schweigeminute', '.', ')']
Source tokens: [0, 0, 0, 0, 0, 0, 0, 0, 0, 0, 52, 11, 58, 3267, 29, 14, 78, 3931,
4, 51]
Ideal tokens out: [1, 54, 5, 267, 3541, 14, 2095, 12, 1440, 35, 51, 2639, 53, 2, 0,
0, 0, 0, 0, 0, 0]
Ideal sentence out: ['(', 'the', 'house', 'rose', 'and', 'observed', 'a', 'minute',
"'", 's', 'silence', ')']
```

```
Model output: ( the house ( observed and observed a speaker )
------------------
Source sentence: ['frau', 'präsidentin', ',', 'zur', 'geschäftsordnung', '.']
Source tokens: [0, 0, 0, 0, 0, 0, 0, 0, 0, 0, 0, 0, 0, 0, 79, 151, 5, 49, 488, 4]
Ideal tokens out: [1, 212, 44, 6, 22, 12, 91, 8, 218, 4, 2, 0, 0, 0, 0, 0, 0, 0,
0, 0, 0]
Ideal sentence out: ['madam', 'president', ',', 'on', 'a', 'point', 'of', 'order',
'.']
Model output: madam president , on a point of order .
------------------
Source sentence: ['wenn', 'das', 'haus', 'damit', 'einverstanden', 'ist', ',',
'werde', 'ich', 'dem', 'vorschlag', 'von', 'herrn', 'evans', 'folgen', '.']
Source tokens: [0, 0, 0, 0, 85, 11, 603, 113, 831, 9, 5, 243, 13, 39, 141, 18, 116,
1939, 417, 4]
Ideal tokens out: [1, 87, 5, 267, 2096, 6, 16, 213, 47, 29, 27, 1941, 25, 1441, 4,
2, 0, 0, 0, 0, 0, 0]
Ideal sentence out: ['if', 'the', 'house', 'agrees', ',', 'i', 'shall', 'do', 'as',
'mr', 'evans', 'has', 'suggested', '.']
Model output: if the house gave this proposal , i would like to hear mr byrne .
```

输出中虽然存在一些有问题的词语，但大部分结果是正确的。要进一步解决这个问题，我们需要一个更复杂的 RNN、一个包含更多词语或更多样化的语料库。

6.5 练习

本章的模型是在同一个数据集上测试和训练的，而这在数据科学领域并不是理想的做法，但是为了让项目正常工作，我们需要这样做。你可以尝试寻找更大的语料库，并把它分成两部分：一部分用于训练，另一部分用于测试。

- 尝试改变模型的设置：这些改变如何影响模型性能和训练时间？
- 分析 seq2seq_model.py 中的代码，请思考如何把损失情况绘制在 TensorBoard 中。
- NLTK 同样包含法语语料库，请思考如何创建一个模型将德语同时翻译成英语和法语。

6.6 小结

在本章中，我们介绍了构建一个基于 RNN 的机器翻译系统的方法。具体来讲，本章讲解了组织语料库、训练模型以及测试模型的内容。第 7 章将介绍 RNN 的其他应用——聊天机器人。

第 7 章 训练能像人类一样讨论的聊天机器人

在本章中，我们将介绍如何训练一个能自动回答简单、常见问题的聊天机器人，以及如何创建 HTTP 端点以便通过 API 给出回答。

本章主要包括以下内容：

- 语料库是什么，以及如何对语料库进行预处理；
- 训练聊天机器人并对其进行测试；
- 创建 HTTP 端点以便通过 API 提供给出回答。

7.1 项目简介

如今，聊天机器人越来越多地用于为用户提供帮助。包括银行、移动通信公司和大型电子商务平台在内的许多公司，都用聊天机器人帮助客户解决问题以及提供售前支持。网站的问答页面并不能满足用户的需求：用户都希望得到针对自己问题的回答，而这个问题可能并没有在问答页面中涉及。此外，聊天机器人可以帮助公司省去了为了回答各种琐碎问题而提供的额外客户服务。因此对于公司来说，使用聊天机器人是一个益处良多的方案。

随着深度学习的流行，聊天机器人成了非常流行的工具。借助深度学习，我们可以训练聊天机器人，使之可以提供更好、更个性化的回答，并且在其最终运行的时候能够保存每个用户的历史信息。

简单来说，主要有两种类型的聊天机器人：第一种类型的聊天机器人很简单，它试图理解问题中的"主题"，总是就同一主题的所有问题给出相同的回答。例如，在火车站网站上，对于问题"我在哪里可以找到城市 A 到城市 B 的服务时间表？"以及"离开城市 A 的下一班火车在什么时候出发？"聊天机器人很可能会给出同样的回答，即"您好！服务时间表在这个网页上：<链接地址>"。

这种聊天机器人实际上使用分类算法理解主题（本例中，两个问题都是关于服务时间表的）。给定一个主题，聊天机器人总会给出相同的回答。通常，这种聊天机器人有一个包含 N 个主题和 N 个回答的列表；如果被分类主题的概率很低（当问题太模糊或者主题不在列表中时），聊天机器人通常会问一些更具体的问题并让用户重复问题，最终给出问题的其他解决途径（例如，发送邮件或者拨打客服中心电话）。

第二种类型的聊天机器人更加先进和智能，但也更复杂。其回答是用 RNN 生成的，与机器翻译模型的方式一样（见第 6 章）。这类聊天机器人可以给出更个性化且更具体的回答。事实上，它们不会猜测聊天的主题，而会使用 RNN 更好地理解用户的问题，并给出最可能的回答。事实上，如果询问这种类型的聊天机器人两个不同的问题，用户几乎不可能得到相同的回答。

在本章中，我们使用 RNN 构建第二种类型的聊天机器人。其构建方法与第 6 章的机器翻译模型类似。我们还会介绍如何把聊天机器人配置到 HTTP 端点上，以便在网站上调用聊天机器人，或者简单地从命令行调用聊天机器人。

7.2 输入语料库

遗憾的是，我们还没有找到任何开源并且在互联网上免费提供的、面向消费者的数据集，因此会用通用数据集来训练聊天机器人，而不用真正关注客户服务领域的数据集。我们会使用康奈尔大学的 "康奈尔电影对话语料库"。这个语料库包含许多原始电影脚本中的对话，因此聊天机器人能够就虚构的问题给出比真实问题更多的回答。康奈尔电影对话语料库包括来自 617 部电影、1 万多个电影角色之间超过 20 万条对话记录。

这个数据集是一个 .zip 压缩文件。解压之后的文件包含以下几个子文件。

- README.txt 包含数据集的介绍、语料库文件的格式、收集过程的具体信息和作者的联系方式。
- Chameleons.pdf 是语料库的原始文件。尽管这个文件对聊天机器人没有多大意义，但是其中包含对话中使用的语言，是深入理解语料库的优质信息。
- movie_conversations.txt 包含所有对话结构。每组对话包括两个对话角色的 ID、电影的 ID 和以时间顺序排列的句子 ID 列表。例如，文件的第一行是：

```
u0 +++$+++ u2 +++$+++ m0 +++$+++ ['L194', 'L195', 'L196', 'L197']
```

它的意思是电影 m0 中的角色 u0 与角色 u2 发生了对话，对话有 4 条句子：'L194'、'L195'、'L196' 和 'L197'。

- movie_lines.txt 包含每一个句子 ID 的实际文本以及说出相应句子的角色。例如，句子 L195 的形式如下：

```
L195 +++$+++ u2 +++$+++ m0 +++$+++ CAMERON +++$+++ Well, I thought we'd start with
pronunciation, if that's okay with you
```

因此，句子 L195 的内容是 "Well, I thought we'd start with pronunciation, if that's okay with you"。这是在电影 m0 中，由一个名叫 CAMERON 的角色 u2 说出的。

- movie_titles_metadata.txt 包含电影的信息，例如电影名、年份、互联网电影资料库（Internet Movie Database，IMDB）评分、IMDB 投票数和类型。例如，电影 m0 的描述如下：

```
m0 +++$+++ 10 things i hate about you +++$+++ 1999 +++$+++ 6.90 +++$+++ 62847 +++$
+++ ['comedy', 'romance']
```

所以，ID 为 m0 的电影名为 "10 things i hate about you"，这部电影于 1999 年上映，是一部浪漫喜剧。它拥有近 6.3 万的 IMDB 投票数，平均分为 6.9（满分为 10 分）。

- movie_characters_metadata.txt 包含电影角色的信息，例如角色出现的电影名称、性别（如果知道的话）和在演职员名单中出现的位置（如果知道的话）。例如，角色 u2 在文件中的描述如下：

```
u2 +++$+++ CAMERON +++$+++ m0 +++$+++ 10 things i hate about you +++$+++ m +++$+++ 3
```

角色 u2 的名字为 CAMERON，这一角色出现在电影 m0 中，电影名是 "10 things i hate about you"。角色的性别为男性，并且他是第三个出现在演职员名单中的角色。

- raw_script_urls.txt 包含每一个电影对话的原始 URL 链接。

可以看到，大部分文件用标记+++$+++来分割字段。另外，文件的格式看起来也很简单，利于解析。在解析文件的时候需要注意，文件编码格式不是 UTF-8，而是 ISO-8859-1。

7.3　创建训练集

现在我们来创建用于聊天机器人的训练集。该项目需要以正确顺序组织角色间的所有对话，而康奈尔电影对话语料库可以满足我们的需求。如果本地没有所需的 ZIP 压缩文件，我们要先下载，然后把该文件解压到一个临时文件夹（Windows 下应该放在 C:\Temp 中）。我们只需读取 movie_lines.txt 和 movie_conversations.txt 文件，用于创建连续的句子数据集。

现在我们可以在 corpora_downloader.py 文件中逐步创建几个函数。第一个函数用于本地磁盘没有保存相应文件的情况下，从互联网上获取文件：

```
def download_and_decompress(url, storage_path, storage_dir):
    import os.path
    directory = storage_path + "/" + storage_dir
    zip_file = directory + ".zip"
    a_file = directory + "/cornell movie-dialogs corpus/README.txt"
    if not os.path.isfile(a_file):
        import urllib.request
```

```
    import zipfile
    urllib.request.urlretrieve(url, zip_file)
    with zipfile.ZipFile(zip_file, "r") as zfh:
        zfh.extractall(directory)
return
```

这个函数的功能如下：首先检查本地磁盘是否有 README.txt 文件；如果没有，从互联网上下载该文件（借助 urllib.request 模块的 urlretrieve 函数），并解压相应 ZIP 文件（使用 zipfile 模块）。

接着，读取对话文件，并提取句子 ID 的列表。注意，格式为 u0 +++$+++ u2 +++$+++ m0 +++$+++ ['L194', 'L195', 'L196', 'L197']，需要的是经过分隔符+++$+++分割后的第四个元素，而且需要清除方括号和单引号，以获得一个完整的 ID 列表。因此，首先加载 re 模块，函数如下：

```
import re
def read_conversations(storage_path, storage_dir):
    filename = storage_path + "/" + storage_dir + "/cornell movie-dialogs
corpus/ movie_conversations.txt"
    with open(filename, "r", encoding="ISO-8859-1") as fh:
        conversations_chunks = [line.split(" +++$+++ ") for line in fh]
    return [re.sub('[\[\]\']', '', el[3].strip()).split(", ") for el in
conversations_chunks]
```

正如前文所说，我们需要使用正确的编码格式读取文件，否则会报错。函数的输出是包含序列的列。每一列都包含角色间对话的句子 ID 序列。然后，读取和解析 movie_lines.txt 文件，以提取实际的句子的文本，该文件的格式如下：

```
L195 +++$+++ u2 +++$+++ m0 +++$+++ CAMERON +++$+++ Well, I thought we'd start with
pronunciation, if that's okay with you
```

我们需要第一个和最后一个部分，如下所示：

```
def read_lines(storage_path, storage_dir):
    filename = storage_path + "/" + storage_dir + "/cornell movie-dialogs
corpus/ movie_lines.txt"
    with open(filename, "r", encoding="ISO-8859-1") as fh:
        lines_chunks = [line.split(" +++$+++ ") for line in fh]
    return {line[0]: line[-1].strip() for line in lines_chunks}
```

最后一步是关于分割和对齐的。一个集合内的结果应该是包含两条句子的序列。这样就可以在给定第一条句子的情况下，训练聊天机器人，以便给出下一条句子。我们最终希望得到一个可以回答多个问题的智能聊天机器人。函数如下：

```
def get_tokenized_sequencial_sentences(list_of_lines, line_text):
    for line in list_of_lines:
        for i in range(len(line) - 1):
            yield (line_text[line[i]].split(" "),
line_text[line[i+1]].split(" "))
```

上述函数的输出是一个生成器，其包含两条句子（右边的暂时"跟着"左边的）的元组，而且每条句子都用空格分割。

最后，我们可以把所有逻辑封装在一个函数中，包括下载文件和解压文件（如果本地没有存储文件）、解析对话和文件行，并将数据集格式化为生成器。默认情况下，我们将文件存储在 /tmp 目录下：

```
def retrieve_cornell_corpora(storage_path="/tmp",
storage_dir="cornell_movie_dialogs_corpus"):
download_and_decompress("*********cs.cornell****/~cristian/data/cornell_movie_ dialo
gs_corpus.zip", storage_path, storage_dir)
    conversations = read_conversations(storage_path, storage_dir)
    lines = read_lines(storage_path, storage_dir)
    return tuple(zip(*list(get_tokenized_sequencial_sentences(conversations, lines))))
```

现在，训练集看起来和机器翻译模型中使用的训练集很相似。事实上，它们不仅相似，还有着相同目标的相同格式，因此我们可以使用第 6 章中相同的代码。例如，corpora_tools.py 文件（而且它需要 data_utils.py 文件）可以不加修改直接用在这里。

有了这些文件，我们可以使用一些脚本检查聊天机器人的输入，进而深入研究语料库。我们可以使用第 6 章中创建的 corpora_tools.py 文件和之前创建的文件查看语料库。现在我们查看康奈尔电影对话语料库，格式化语料库，并输出一个例子及其长度：

```
from corpora_tools import *
from corpora_downloader import retrieve_cornell_corpora
sen_l1, sen_l2 = retrieve_cornell_corpora()
print("# Two consecutive sentences in a conversation")
print("Q:", sen_l1[0])
print("A:", sen_l2[0])
print("# Corpora length (i.e. number of sentences)")
print(len(sen_l1))
assert len(sen_l1) == len(sen_l2)
```

上述代码输出两条被分割的连续句子的示例以及数据集中示例的数量（超过 22 万个）：

```
# Two consecutive sentences in a conversation
Q: ['Can', 'we', 'make', 'this', 'quick?', '', 'Roxanne', 'Korrine', 'and',
'Andrew', 'Barrett', 'are', 'having', 'an', 'incredibly', 'horrendous',
```

```
'public', 'break-', 'up', 'on', 'the', 'quad.', '', 'Again.']
A: ['Well,', 'I', 'thought', "we'd", 'start', 'with', 'pronunciation,',
'if', "that's", 'okay', 'with', 'you.']
# Corpora length (i.e. number of sentences)
221616
```

接下来，清除句子中的标点符号，把句子全部转成小写，并且限定每个句子最多包含20 个单词（对话序列只要包含超过 20 个单词的句子，就会被舍弃）。后续的标准化分割符如下：

```
clean_sen_l1 = [clean_sentence(s) for s in sen_l1]
clean_sen_l2 = [clean_sentence(s) for s in sen_l2]
filt_clean_sen_l1, filt_clean_sen_l2 = filter_sentence_length(clean_sen_l1,clean_sen_l2)
print("# Filtered Corpora length (i.e. number of sentences)")
print(len(filt_clean_sen_l1))
assert len(filt_clean_sen_l1) == len(filt_clean_sen_l2)
```

结果包括超过 14 万个例子：

```
# Filtered Corpora length (i.e. number of sentences)
140261
```

然后，创建两组句子集合的词典。在实际情况下，两个词典看起来一样（因为出现在左边的句子也会出现在右边），只是对话的第一句和最后一句可能会有所不同（都只出现一次）。为了充分使用语料库，我们将构建两个单词词典，然后对语料库中的所有单词使用单词的词典索引对其进行编码：

```
dict_l1 = create_indexed_dictionary(filt_clean_sen_l1, dict_size=15000,
storage_path="/tmp/l1_dict.p")
dict_l2 = create_indexed_dictionary(filt_clean_sen_l2, dict_size=15000,
storage_path="/tmp/l2_dict.p")
idx_sentences_l1 = sentences_to_indexes(filt_clean_sen_l1, dict_l1)
idx_sentences_l2 = sentences_to_indexes(filt_clean_sen_l2, dict_l2)
print("# Same sentences as before, with their dictionary ID")
print("Q:", list(zip(filt_clean_sen_l1[0], idx_sentences_l1[0])))
print("A:", list(zip(filt_clean_sen_l2[0], idx_sentences_l2[0])))
```

输出的结果如下。注意，词典包含 1 万 5 千个词语，但是并没有包含所有词语，而且超过 1 万 6 千个词语（出现次数较少的）并没有包含在其中：

```
[sentences_to_indexes] Did not find 16823 words
[sentences_to_indexes] Did not find 16649 words
# Same sentences as before, with their dictionary ID
Q: [('well', 68), (',', 8), ('i', 9), ('thought', 141), ('we', 23), ("'",
```

```
5), ('d', 83), ('start', 370), ('with', 46), ('pronunciation', 3), (',',
8), ('if', 78), ('that', 18), ("'", 5), ('s', 12), ('okay', 92), ('with',
46), ('you', 7), ('.', 4)]
A: [('not', 31), ('the', 10), ('hacking', 7309), ('and', 23), ('gagging',
8761), ('and', 23), ('spitting', 6354), ('part', 437), ('.', 4), ('please',
145), ('.', 4)]
```

最后一步，给句子添加补全和标记信息：

```
data_set = prepare_sentences(idx_sentences_l1, idx_sentences_l2,
max_length_l1, max_length_l2)
    print("# Prepared minibatch with paddings and extra stuff")
    print("Q:", data_set[0][0])
    print("A:", data_set[0][1])
    print("# The sentence pass from X to Y tokens")
    print("Q:", len(idx_sentences_l1[0]), "->", len(data_set[0][0]))
    print("A:", len(idx_sentences_l2[0]), "->", len(data_set[0][1]))
```

和预期的一样，输出如下：

```
# Prepared minibatch with paddings and extra stuff
Q: [0, 68, 8, 9, 141, 23, 5, 83, 370, 46, 3, 8, 78, 18, 5, 12, 92, 46, 7, 4]
A: [1, 31, 10, 7309, 23, 8761, 23, 6354, 437, 4, 145, 4, 2, 0, 0, 0, 0, 0,
0, 0, 0, 0]
# The sentence pass from X to Y tokens
Q: 19 -> 20
A: 11 -> 22
```

7.4　训练聊天机器人

处理完语料库，我们就可以构建模型了。这个项目需要一个序列生成模型，因此我们可以使用 RNN 模型，可以重用第 6 章项目的代码：只需要修改数据集构建的方法和模型的参数。然后，我们可以复制第 6 章中的训练脚本，修改 build_dataset 函数，以使用康奈尔电影对话语料库这个数据集。

需要注意的是，本章使用的数据集比第 6 章中使用的数据集要大，因此需要限制语料库大小至几百万行。在一台有 8GB 内存的使用了 4 年的笔记本电脑上，我们只能用前 3 万行，否则程序会耗尽内存，一直交换存储空间。使用少量数据集的一个副作用是，字典也会变小，每个包含不超过 1 万个词语。

```
def build_dataset(use_stored_dictionary=False):
    sen_l1, sen_l2 = retrieve_cornell_corpora()
```

```
        clean_sen_l1 = [clean_sentence(s) for s in sen_l1][:30000] ### OTHERWISE IT
DOES NOT RUN ON MY LAPTOP
        clean_sen_l2 = [clean_sentence(s) for s in sen_l2][:30000] ### OTHERWISE IT
DOES NOT RUN ON MY LAPTOP
        filt_clean_sen_l1, filt_clean_sen_l2 =
    filter_sentence_length(clean_sen_l1, clean_sen_l2, max_len=10)
        if not use_stored_dictionary:
            dict_l1 = create_indexed_dictionary(filt_clean_sen_l1,
        dict_size=10000, storage_path=path_l1_dict)
            dict_l2 = create_indexed_dictionary(filt_clean_sen_l2,
        dict_size=10000, storage_path=path_l2_dict)
         else:
            dict_l1 = pickle.load(open(path_l1_dict, "rb"))
            dict_l2 = pickle.load(open(path_l2_dict, "rb"))
        dict_l1_length = len(dict_l1)
        dict_l2_length = len(dict_l2)
        idx_sentences_l1 = sentences_to_indexes(filt_clean_sen_l1, dict_l1)
        idx_sentences_l2 = sentences_to_indexes(filt_clean_sen_l2, dict_l2)
        max_length_l1 = extract_max_length(idx_sentences_l1)
        max_length_l2 = extract_max_length(idx_sentences_l2)
        data_set = prepare_sentences(idx_sentences_l1, idx_sentences_l2,
max_length_l1, max_length_l2)
        return (filt_clean_sen_l1, filt_clean_sen_l2), \
                data_set, \
                (max_length_l1, max_length_l2), \
                (dict_l1_length, dict_l2_length)
```

把上述代码放在第 6 章定义的 `train_translator.py` 文件中，并将该文件重命名为
`train_chatbot.py`，开始训练聊天机器人。

几次迭代后，你可以终止程序，并得到类似以下的输出：

```
[sentences_to_indexes] Did not find 0 words
[sentences_to_indexes] Did not find 0 words
global step 100 learning rate 1.0 step-time 7.708967611789704 perplexity
444.90090078460474
eval: perplexity 57.442316329639176
global step 200 learning rate 0.990234375 step-time 7.700247814655302
perplexity 48.8545568311572
eval: perplexity 42.190180314697045
global step 300 learning rate 0.98046875 step-time 7.69800933599472
perplexity 41.620538109894945
eval: perplexity 31.291903031786116
```

```
...
...
...
global step 2400 learning rate 0.79833984375 step-time 7.686293318271639
perplexity 3.7086356605442767
eval: perplexity 2.8348589631663046
global step 2500 learning rate 0.79052734375 step-time 7.689657487869262
perplexity 3.211876894960698
eval: perplexity 2.973809378544393
global step 2600 learning rate 0.78271484375 step-time 7.690396382808681
perplexity 2.878854805600354
eval: perplexity 2.563583924617356
```

如果改变参数，你可以在不同的困惑度下终止程序。要得到最终结果，设置 RNN 的大小为 256，层数为 2，批大小为 128 个样本，学习率为 1.0。

现在，聊天机器人可以接受测试了。尽管我们可以使用第 6 章 test_translator.py 中的相同代码进行测试，但在这里我们要做一个更加精细的解决方案，也就是让聊天机器人通过 API 作为服务发布。

7.5　聊天机器人 API

我们首先需要一个 Web 框架来提供 API。在这个项目中，我们选择了 Bottle，这是一个非常易用的轻量级简单框架。

 要安装这个框架，请在命令行中运行 pip install bottle。

现在，我们来创建函数，解析用户作为参数提供的任意一个句子。请将所有代码存放在 test_chatbot_aas.py 文件中。首先导入一些库和函数，便于借助词典分割、清洗和准备句子：

```
import pickle
import sys
import numpy as np
import tensorflow as tf
import data_utils
from corpora_tools import clean_sentence, sentences_to_indexes, prepare_sentences
from train_chatbot import get_seq2seq_model, path_l1_dict, path_l2_dict
model_dir = "/home/abc/chat/chatbot_model"
def prepare_sentence(sentence, dict_l1, max_length):
    sents = [sentence.split(" ")]
```

```
clean_sen_l1 = [clean_sentence(s) for s in sents]
idx_sentences_l1 = sentences_to_indexes(clean_sen_l1, dict_l1)
data_set = prepare_sentences(idx_sentences_l1, [[]], max_length, max_length)
sentences = (clean_sen_l1, [[]])
return sentences, data_set
```

函数 prepare_sentence 的功能如下：

- 分割输入的句子；
- 清洗句子（转换成小写并清除标点符号）；
- 把分割结果转换成字典 ID；
- 添加标记和补全信息，以达到默认的长度。

接着，我们需要一个函数把预测的序列 ID 转换成实际的词语序列。这个任务由函数 decode 完成，可以根据输入的句子和 softmax 函数预测最可能的输出。最后，该函数返回不带补全和标记的句子（更详细的函数介绍见第 6 章）：

```
def decode(data_set):
with tf.Session() as sess:
   model = get_seq2seq_model(sess, True, dict_lengths, max_sentence_lengths,
               model_dir)
   model.batch_size = 1
   bucket = 0
   encoder_inputs, decoder_inputs, target_weights = model.get_batch(
     {bucket: [(data_set[0][0], [])]}, bucket)
   _, _, output_logits = model.step(sess, encoder_inputs, decoder_inputs,
                    target_weights, bucket, True)
   outputs = [int(np.argmax(logit, axis=1)) for logit in output_logits]
   if data_utils.EOS_ID in outputs:
      outputs = outputs[1:outputs.index(data_utils.EOS_ID)]
tf.reset_default_graph()
return " ".join([tf.compat.as_str(inv_dict_l2[output]) for output in outputs])
```

最后是 main 函数，即脚本中要运行的函数：

```
if __name__ == "__main__":
   dict_l1 = pickle.load(open(path_l1_dict, "rb"))
   dict_l1_length = len(dict_l1)
   dict_l2 = pickle.load(open(path_l2_dict, "rb"))
   dict_l2_length = len(dict_l2)
   inv_dict_l2 = {v: k for k, v in dict_l2.items()}
   max_lengths = 10
   dict_lengths = (dict_l1_length, dict_l2_length)
   max_sentence_lengths = (max_lengths, max_lengths)
   from bottle import route, run, request
```

```
@route('/api')
def api():
    in_sentence = request.query.sentence
    _, data_set = prepare_sentence(in_sentence, dict_l1, max_lengths)
    resp = [{"in": in_sentence, "out": decode(data_set)}]
    return dict(data=resp)
run(host='127.0.0.1', port=8080, reloader=True, debug=True)
```

首先，上述代码会加载词典，并准备好逆序词典。然后，使用 Bottle API 创建一个 HTTP GET 端点（基于/api 的 URL）。当端点接收到 HTTP GET 请求时，函数的路径装饰器起作用。在这种情况下，api 函数开始运行，它先读取作为 HTTP 参数传递的句子，然后调用 prepare_sentence 函数，最后运行解码程序。返回的是一个包含用户输入句子和聊天机器人回答的词典。

最后，网络服务器在本地主机的 8080 端口上打开。使用 Bottle 构建聊天机器人服务就是这么简单！

现在运行服务，检查输出。在命令行中运行：

```
$> python3 -u test_chatbot_aas.py
```

然后，我们开始用一些通用问题询问聊天机器人，可以使用 CURL 这一简单的命令行完成这个操作。同时浏览器都是可用的。只需注意 URL 应该经过编码，例如空格符应该使用%20 替代。

CURL 提供简单的方法编码 URL 请求，可以让所有操作变得更简单，如下所示：

```
$> curl -X GET -G http://127.0.0.1:8080/api --data-urlencode "sentence=how are you?"
{"data": [{"out": "i ' m here with you .", "in": "where are you?"}]}
$> curl -X GET -G http://127.0.0.1:8080/api --data-urlencode "sentence=are you here?"
{"data": [{"out": "yes .", "in": "are you here?"}]}
$> curl -X GET -G http://127.0.0.1:8080/api --data-urlencode "sentence=are you a
chatbot?"
{"data": [{"out": "you ' for the stuff to be right .", "in": "are you a chatbot?"}]}
$> curl -X GET -G http://127.0.0.1:8080/api --data-urlencode "sentence=what is your
name ?"
{"data": [{"out": "we don ' t know .", "in": "what is your name ?"}]}
$> curl -X GET -G http://127.0.0.1:8080/api --data-urlencode "sentence=how are you?"
{"data": [{"out": "that ' s okay .", "in": "how are you?"}]}
```

如果浏览器没有反应，可以试试编码 URL，例如：

```
$> curl -X GET
http://127.0.0.1:8080/api?sentence=how%20are%20you?
{"data": [{"out": "that ' s okay .", "in": "how are you?"}]}.
```

回答也很有趣。务必注意，我们是使用电影数据训练的聊天机器人，所以回答的风格也是电影对话类型的。

要关闭网络服务器，按 Ctrl+C 键即可。

7.6 练习

- 你能用 JavaScript 创建一个简单网页来请求聊天机器人服务吗？
- 互联网上有许多其他的数据集，试着看看针对不同数据集模型给出的回答的差异。哪一个数据集更适合客服机器人？
- 你能修改模型，支持作为一项服务来训练吗？也就是说，模型可以使用 HTTP GET/POST 传递句子吗？

7.7 小结

在本章中，我们实现了一个聊天机器人，并使之可以通过 HTTP 端点和 GET API 响应问题。这是使用 RNN 所完成的又一个很棒的项目。在第 9 章中，我们会讨论另一个项目：如何使用 TensorFlow 构建推荐系统。

第8章 检测Quora数据集中的重复问题

Quora是一个社区驱动的问答网站,可供用户公开或者匿名地提出和回答问题。2017年1月,Quora首次发布了一个包含问题对的公共数据集——Quora数据集,其中有的可能是重复的。重复问题对在语义上是类似的,或者说尽管两个问题使用不同的词汇,但是表达了完全相同的意思。为了给用户提供更好的答案库,以便他们尽快找出需要的信息,Quora需要为每个问题都准备一个页面,这个工程量是非常大的。版主机制对于避免网站上的重复内容是很有帮助的,但是一旦每天回答的问题越来越多,历史存储也会不断增长,这种机制就不易扩展了。这种情况下,基于**自然语言处理**和深度学习的自动化项目就成了合适的解决方案。

在本章中,我们会介绍如何构建一个基于TensorFlow的项目,用Quora数据集来解释句子之间的相似性。本章的内容基于Abhishek Thakur的工作 *Is That a Duplicate Quora Question*。他基于Keras软件包开发了一套方案,所提出的技术也可以很容易地应用于其他有关语义相似性的问题。

本章主要包括如下内容:
- 文本数据的特征工程;
- TF-IDF和奇异值分解(Singular Value Decomposition,SVD);
- 基于特征的Word2vec和GloVe算法;
- 传统的机器学习模型,例如logistic回归和使用xgboost的梯度提升;
- 深度学习模型,包括LSTM、GRU和1D-CNN。

学完本章,你将可以训练自己的深度学习模型,进而解决类似的问题。我们先来介绍Quora数据集。

8.1 展示数据集

Quora数据集仅面向非商业目的,可供用户在Kaggle竞赛和Quora官方网站上获取,其中包含404351个问题对,有255045个负样本(非重复的)和149306个正样本(重复的)。在这个数据集中,正样本的比例大约是37%。这说明存在轻度的数据不均衡,但是并不需要刻意修正。事实上,正如Quora官方网站所公布的,在初始的采样策略影响下,Quora数据集中的重复样本要比非重复样本多得多。为了构建更加均衡的数据集，负样本需要通过相关问题进行升采样。这些问题是关于相同主题的，但是事实上它们并不相似。

在开始项目之前，我们可以从亚马逊公司的 S3 仓库下载 Quora 数据集到工作目录中，其大小约为 55MB。

加载完成后，我们可以选择其中几行检查一下数据情况。图 8-1 所示为 Quora 数据集前几行的真实截图。

	id	qid1	qid2	question1	question2	is_duplicate
0	0	1	2	What is the step by step guide to invest in sh...	What is the step by step guide to invest in sh...	0
1	1	3	4	What is the story of Kohinoor (Koh-i-Noor) Dia...	What would happen if the Indian government sto...	0
2	2	5	6	How can I increase the speed of my internet co...	How can Internet speed be increased by hacking...	0
3	3	7	8	Why am I mentally very lonely? How can I solve...	Find the remainder when [math]23^{24}[/math] i...	0
4	4	9	10	Which one dissolve in water quikly sugar, salt...	Which fish would survive in salt water?	0

图 8-1

进一步查看数据，我们就能发现表示相同含义的问题对，也就是重复问题，如表 8-1 所示。

表 8-1

问题 1	问题 2
Quora 如何快速标记需要修改的问题	为什么 Quora 在我具体给出解释之前，几秒内就把我的问题标记为需要修改/澄清
为什么他能在总统选举中获胜	他是如何在 2016 年的总统选举中获胜的
希格斯玻色子的发现可能带来哪些实际应用	希格斯玻色子的发现有哪些实际益处

首先我们看到，重复问题通常包含一些相同的词语，但是问题的长度不同。
非重复问题的例子如表 8-2 所示。

表 8-2

问题 1	问题 2
如果我要应聘像 Mozilla 这样的大公司，我应该把求职信发给谁	从安全的角度讲，什么车比较好？我会优先考虑安全性
《黑客军团》（电视剧）：《黑客军团》是现实生活中黑客和黑客文化的完美演绎吗？对于黑客组织的描绘是真的吗	和真实的网络安全渗透或者常用技术手段相比，《黑客军团》中对黑客的描绘有哪些错误
我应该如何搭建网上购物（电子商务）网站	要搭建一个大型电子商务网站，用哪些网络技术最合适

表 8-1 和表 8-2 中有些问题很明显不是重复问题，它们的用词也不同，但有些问题很难判断是否相关。例如，有些人可能会对表 8-1 的第二个例子感兴趣，有些人则对此模棱两可。这两个问题表达了不同的内容：**为什么**和**如何**。粗略看一下，它们两个可能被当作同一个问题。查看更多的例子后，你可以发现更加可疑的例子甚至一些数据错误。数据集中当然会有一些异常点（Quora 在数据集中也做了提示）。但是，如果数据是从真实世界的问题中得到的，那么除了处理这种不完美的问题并努力找到有效的解决方案，我们别无他法。

现在，数据探索变得更加定量而不是定性，一些问题对的统计数据如表 8-3 所示。

表 8-3

问题 1 中的平均字符数	59.57
问题 1 中的最少字符数	1
问题 1 中的最多字符数	623
问题 2 中的平均字符数	60.14
问题 2 中的最少字符数	1
问题 2 中的最多字符数	1169

尽管问题 2 的最多字符数大一些，但是问题 1 和问题 2 的平均字符数大致相等。数据中显然有些噪声，因为不可能用一个字符构成一个问题。

我们甚至可以通过绘制词云来得到完全不同的结果，使数据集中的高频词可以高亮显示。

有些词语的存在提示我们这些数据是在特定历史时期收集的。其中的许多问题也是阶段性的，即只在数据收集的时间点上有意义。其他诸如 programming language、World War 或者 earn money 这样的主题，不论是从人们的兴趣还是答案的有效性上讲，都可能持续更长的时间。

查看数据之后，我们可以确定项目中要争取优化的目标指标。我们将用准确率作为评估模型性能的指标。准确率作为一种评估标准，仅关注预测的有效性，可能会忽略不同模型之间的重要差异，例如鉴别能力（模型检测重复问题的能力）或者概率评分的准确性（表示重复问题和非重复问题有多大区别）。

我们之所以选择准确率，是因为 Quora 工程团队是用这个指标来确定数据集的基准，这让我们更容易将自己的模型与 Quora 工程团队以及与其他科研文献的模型加以评估和比较。在实际应用中，我们可能只需根据正确或错误的次数进行评估，而不用考虑其他因素。

8.2 基础特征工程

开始编写代码之前，我们需要使用 Python 加载数据集，同时为 Python 环境提供项目所需的软件包。我们需要在系统上安装如下软件包（最新版本的就可以满足需求，不需要指定具体的版本）。

- NumPy。
- pandas。
- fuzzywuzzy。
- python-Levenshtein。
- scikit-learn。
- gensim。
- pyemd。
- NLTK。

因为项目会用到这些软件包，所以我们会提供具体的安装说明和建议。

对所有的数据集操作，使用 pandas（也会使用 NumPy）。要安装 NumPy 和 pandas：

```
pip install numpy
pip install pandas
```

数据集可以用 pandas 和专门的数据结构 pandas dataframe 加载到内存中（假设数据集和脚本或者 Jupyter Notebook 位于同一个目录下）：

```
import pandas as pd
import numpy as np
data = pd.read_csv('quora_duplicate_questions.tsv', sep='\t')
data = data.drop(['id', 'qid1', 'qid2'], axis=1)
```

我们用 data 表示 pandas dataframe，并在使用 TensorFlow 模型时用其为模型提供输入。

首先构造一些基础特征。这些基础特征包括基于长度的特征和基于字符串的特征：

- 问题 1 的长度；
- 问题 2 的长度；
- 两个长度的差异；
- 去除空格后，问题 1 的字符串长度；
- 去除空格后，问题 2 的字符串长度；
- 问题 1 的词数；

- 问题 2 的词数；
- 问题 1 和问题 2 中相同词的数量。

这些特征都可以通过一行代码得到。使用 Python 中的 pandas 和其 apply 方法转换原始输入：

```
# length based features
data['len_q1'] = data.question1.apply(lambda x: len(str(x)))
data['len_q2'] = data.question2.apply(lambda x: len(str(x)))

# difference in lengths of two questions
data['diff_len'] = data.len_q1 - data.len_q2

# character length based features
data['len_char_q1'] = data.question1.apply(lambda x:
                 len(''.join(set(str(x).replace(' ', '')))))
data['len_char_q2'] = data.question2.apply(lambda x:
                 len(''.join(set(str(x).replace(' ', '')))))

# word length based features
data['len_word_q1'] = data.question1.apply(lambda x:
                                      len(str(x).split()))
data['len_word_q2'] = data.question2.apply(lambda x:
                                      len(str(x).split()))

# common words in the two questions
data['common_words'] = data.apply(lambda x:
                     len(set(str(x['question1'])
                     .lower().split())
                     .intersection(set(str(x['question2'])
                     .lower().split()))), axis=1)
```

为了后续引用方便，我们把相应特征集标记为 fs_1：

```
fs_1 = ['len_q1', 'len_q2', 'diff_len', 'len_char_q1',
        'len_char_q2','len_word_q1', 'len_word_q2','common_words']
```

这个简单的方法将帮助你在之后构建机器学习模型时轻松地调用和合并不同的特征集，以轻松实现运行于不同特征集上的模型的比较。

8.3　创建模糊特征

下一个特征集基于模糊字符串匹配。模糊字符串匹配也叫作近似字符串匹配，是找出与给定模式近似匹配的字符串的过程。匹配的近似性定义为：把字符串转换为完全匹配的字符串的基本操作步数。这些基本操作包括插入（在给定位置插入一个字符）、删除（删除特定字符）和替换（用新的字符替换旧的字符）。

模糊字符串匹配经常用在拼写检查、抄袭检测、DNA 序列匹配、垃圾邮件过滤等场景，它是编辑距离（edit distance）大家族中的一部分，而编辑距离基于"字符串转换为另一个字符串"的思想。编辑距离常用于自然语言处理和其他应用中，以确定两个字符串之间的差异程度。

编辑距离也叫作 Levenshtein 距离，是由俄罗斯科学家 Vladimir Levenshtein 于 1965 年提出的。

这些特征可以使用 Python 的 fuzzywuzzy 生成。这个软件包使用编辑距离计算两个不同序列的差异，即项目中问题对的差异。

fuzzywuzzy 可以使用 pip 安装：

```
pip install fuzzywuzzy
```

fuzzywuzzy 依赖于 python-Levenshtein，它是使用 C 语言构造的经典算法的快速实现。因此要使 fuzzywuzzy 计算速度更快，还需要安装 python-Levenshtein：

```
pip install python-Levenshtein
```

fuzzywuzzy 提供了许多不同类型的比率，但是我们只会用到 QRatio、WRatio、Partial ratio、Partial token set ratio、Partial token sort ratio、Token set ratio 和 Token sort ratio 这几种。

下面是对 Quora 数据集使用 fuzzywuzzy 的功能的示例：

```
from fuzzywuzzy import fuzz

fuzz.QRatio("Why did he win the Presidency?",
"How did he win the 2016 Presidential Election")
```

运行代码后，返回值是 67。运行如下代码：

```
fuzz.QRatio("How can I start an online shopping (e-commerce) website?",
"Which web technology is best suitable for building a big E-Commerce website?")
```

这段代码的返回值是 60。注意，尽管这些 QRatio 值都很接近，但是数据集中相似问题对的值要比非相似问题对的值要高。下面观察 fuzzywuzzy 中的其他功能（两对问题不变）：

```
fuzz.partial_ratio("Why did he win the Presidency?",
"How did he win the 2016 Presidential Election")
```

这时，返回值是 73。运行如下代码：

```
fuzz.partial_ratio("How can I start an online shopping (e-commerce) website?",
"Which web technology is best suitable for building a big E-Commerce website?")
```

这时，返回值是 57。

使用 partial_ratio 方法，我们可以看到两个问题对的分数差异更明显了。这意味着区别重复问题对和非重复问题对变得更加容易。我们假设这些功能可能会为模型增加价值。

借助 Python 的 pandas 和 fuzzywuzzy，我们可以通过一行代码使用这些功能：

```
data['fuzz_qratio'] = data.apply(lambda x: fuzz.QRatio(
    str(x['question1']), str(x['question2'])), axis=1)

data['fuzz_WRatio'] = data.apply(lambda x: fuzz.WRatio(
    str(x['question1']), str(x['question2'])), axis=1)

data['fuzz_partial_ratio'] = data.apply(lambda x:
                fuzz.partial_ratio(str(x['question1']),
                str(x['question2'])), axis=1)

data['fuzz_partial_token_set_ratio'] = data.apply(lambda x:
        fuzz.partial_token_set_ ratio(str(x['question1']),
        str(x['question2'])), axis=1)

data['fuzz_partial_token_sort_ratio'] = data.apply(lambda x:
            fuzz.partial_token_sort_ratio(str(x['question1']),
            str(x['question2'])), axis=1)

data['fuzz_token_set_ratio'] = data.apply(lambda x:
                fuzz.token_set_ratio(str(x['question1']),
                str(x['question2'])), axis=1)

data['fuzz_token_sort_ratio'] = data.apply(lambda x:
                fuzz.token_sort_ratio(str(x['question1']),
                str(x['question2'])), axis=1)
```

将这个特征集合标记为 fs_2：

```
fs_2 = ['fuzz_qratio', 'fuzz_WRatio', 'fuzz_partial_ratio',
    'fuzz_partial_token_set_ratio', 'fuzz_partial_token_sort_ratio',
    'fuzz_token_set_ratio', 'fuzz_token_sort_ratio']
```

再一次把结果存储起来以便建模时使用。

8.4　借助 TF-IDF 和 SVD 特征

接下来的特征集合基于 TF-IDF 和 SVD。**词频-逆文档频率**（Term Frequency-Inverse Document Frequency，TF-IDF）是信息检索基础的一个算法。这个算法可以使用下面的公式解释：

$$TF(t) = C(t) / N$$
$$IDF(t) = \log(ND / ND_t)$$

公式中的符号解释如下：$C(t)$ 是词项 t 出现在文档中的次数，N 是文档中词项的总数，可以由此计算**词频**（Term Frequency, TF）；ND 是文档总数，ND_t 是包含词项 t 的文档数，可以由此计算**逆文档频率**（Inverse Document Frequency, IDF）。词项 t 的 TF-IDF 是其词频和逆文档频率的乘积：

$$TF\text{-}IDF(t) = TF(t) \times IDF(t)$$

在只了解文档而没有任何先验知识的情况下，这个乘积将突出所有可能将不同文档区分开来的词项，并降低传递信息较少的常用词（例如冠词）的权重。

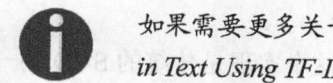 如果需要更多关于 TF-IDF 的实操解释，在线教程 *Tutorial:Finding Important Words in Text Using TF-IDF* 可以帮助你编码实现算法，并使用文本数据进行测试。

为了方便、快速地实现，我们使用 TF-IDF 的 scikit-learn 实现。如果还没有安装 scikit-learn，你可以使用 pip 安装：

```
pip install -U scikit-learn
```

分别为问题 1 和问题 2 构造 TF-IDF 特征（为了提高效率，我们复制问题 1 的 TfidfVectorizer）：

```
from sklearn.feature_extraction.text import TfidfVectorizer
from copy import deepcopy

tfv_q1 = TfidfVectorizer(min_df=3,
                         max_features=None,
                         strip_accents='unicode',
                         analyzer='word',
                         token_pattern=r'\w{1,}',
                         ngram_range=(1, 2),
                         use_idf=1,
```

```
                          smooth_idf=1,
                          sublinear_tf=1,
                          stop_words='english')
tfv_q2 = deepcopy(tfv_q1)
```

需要注意的是，上述代码中的参数是经过大量的实验后选择的。这些参数也适用于其他关于自然语言处理的问题，特别是文本分类。你可能需要将停用词列表更改为本章所讨论的语言。

现在我们可以分别得到问题 1 和问题 2 的 TF-IDF 特征：

```
q1_tfidf = tfv_q1.fit_transform(data.question1.fillna(""))
q2_tfidf = tfv_q2.fit_transform(data.question2.fillna(""))
```

> 在 TF-IDF 处理过程中，根据所有可用数据计算出 TF-IDF 特征（我们用了 fit_transform 方法）。这是 Kaggle 竞赛中的常用手段，可以帮助我们拿到高分。但是，如果面对真实场景，你可能希望排除训练集和验证集中的一些数据，以便保证 TF-IDF 处理可以泛化到新的未知数据集中。

有了 TF-IDF 特征，我们还需要 SVD 特征。SVD 是一种特征分解方法，即奇异值分解，广泛应用于自然语言处理中，其中一个技术叫作潜在语义分析（Latent Semantic Analysis，LSA）。

为创建 SVD 特征，我们再次使用 scikit-learn 实现。这个实现是传统的 SVD 的一种变体，叫作 TruncatedSVD。

> TruncatedSVD 是一种近似的 SVD 方法，提供了可靠而迅速的 SVD 矩阵分解（Matrix Factorization）。你可以参考教程 *Truncated SVD and its Applications*，找到更多有关 TruncatedSVD 的技术实现和应用建议。

```
from sklearn.decomposition import TruncatedSVD
svd_q1 = TruncatedSVD(n_components=180)
svd_q2 = TruncatedSVD(n_components=180)
```

我们选择 180 个特征进行 SVD，并在 TF-IDF 特征上计算这些特征：

```
question1_vectors = svd_q1.fit_transform(q1_tfidf)
question2_vectors = svd_q2.fit_transform(q2_tfidf)
```

特征集-3 来自 TF-IDF 特征和 SVD 特征的组合。例如，可以只用 TF-IDF 特征建模两个问题，也可以使用 TF-IDF 特征加上 SVD 特征，然后加入模型进行学习。这些特征的解释如下：特征集-3（1）（记作 fs3_1）包含两个问题的 TF-IDF，然后将其连接在一起并最终传递给机器学习模型,如图 8-2 所示。

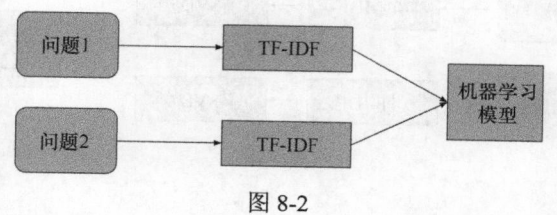

图 8-2

这个过程对应的代码如下:

```
from scipy import sparse

# obtain features by stacking the sparse matrices together
fs3_1 = sparse.hstack((q1_tfidf, q2_tfidf))
```

特征集-3(2)(记作 fs3_2),通过合并两个问题生成一个 TF-IDF 实现,如图 8-3 所示。

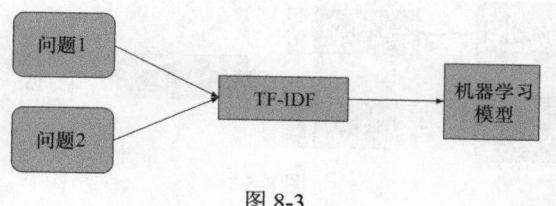

图 8-3

```
tfv = TfidfVectorizer(min_df=3,
                      max_features=None,
                      strip_accents='unicode',
                      analyzer='word',
                      token_pattern=r'\w{1,}',
                      ngram_range=(1, 2),
                      use_idf=1,
                      smooth_idf=1,
                      sublinear_tf=1,
                      stop_words='english')

# combine questions and calculate tf-idf
q1q2 = data.question1.fillna("")
q1q2 += " " + data.question2.fillna("")
fs3_2 = tfv.fit_transform(q1q2)
```

特征集-3(3)(记作 fs3_3),包括两个 TF-IDF 和两个 SVD,如图 8-4 所示。

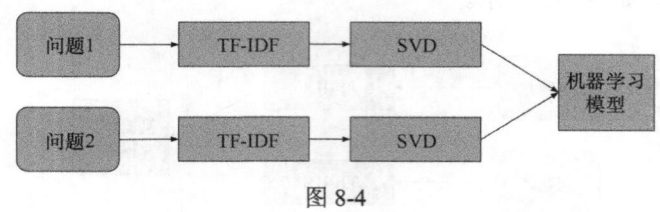

图 8-4

代码如下:

```
# obtain features by stacking the matrices together
fs3_3 = np.hstack((question1_vectors, question2_vectors))
```

同理,我们可以使用 TF-IDF 和 SVD 创建更多的组合,如特征集-3(4)和特征集-3(5),把它们分别记作 fs3-4 和 fs3-5。下面给出了构造过程,你可以尝试练习编码。

fs3_4 如图 8-5 所示。

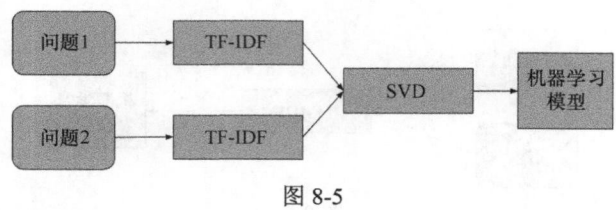

图 8-5

fs3_5 如图 8-6 所示。

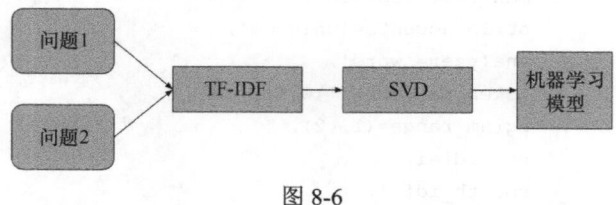

图 8-6

有了基础的特征集以及 TF-IDF 和 SVD 特征,我们可以继续构造更复杂的特征,然后深入理解机器学习和深度学习模型。

8.5　用 Word2vec 嵌入映射

简单来讲,Word2vec 模型是两层神经网络,它将文本语料库作为输入,输出文本语料库中每个单词的向量。通过拟合，意思相近的词语的向量也会彼此靠近，相对于意思不相近的词语而言，它们之间的距离也更小。

如今，Word2vec 已经成为自然语言处理问题中的标准配置，为信息检索任务提供了非常有用的理解。在这个项目中，我们会使用谷歌新闻的词向量，这是一个在谷歌新闻语料库上预训练得出的 Word2vec 模型。在用 Word2vec 向量表示时，每个单词都会得到一个空间位置，如图 8-7 所示。

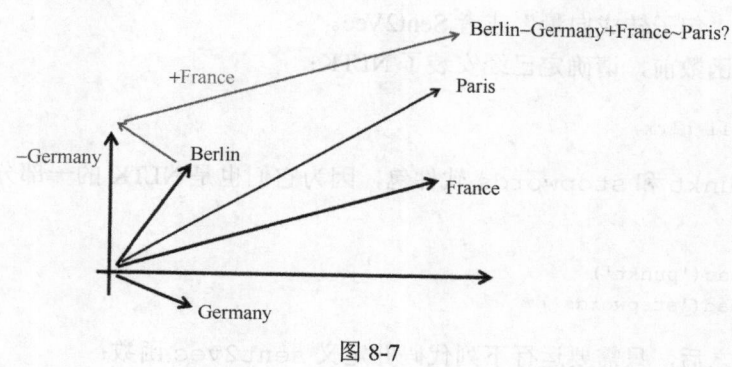

图 8-7

如果使用谷歌新闻语料库上的预训练词向量，则图 8-7 所示的所有词语，例如 Germany、Berlin、France 和 Paris，都可以用一个 300 维的向量来表示。使用这些词语的 Word2vec 表示时，我们把 Berlin 的向量减去 Germany 的向量，再加上 France 的向量，会得到一个与 Paris 的向量非常相似的向量。因此，Word2vec 模型中的向量保留了单词的含义。这些向量所携带的信息具有非常有用的特征。

要加载 Word2vec 的功能，需要使用 Gensim。如果没有安装 Gensim，你可以使用 pip 安装。同时，我们也建议安装 pyemd 软件包，因为词移距离（Word Mover's Distance，WMD）函数将使用该软件包，该函数可以关联两个 Word2vec 向量：

```
pip install gensim
pip install pyemd
```

要加载 Word2vec 模型，需下载 GoogleNews-vectors-negative300.bin.gz 二进制文件，并使用 Gensim 的 load_Word2vec_format 函数将其加载到内存中。你也可以使用 Shell 中的 wget 命令从亚马逊公司的 AWS 仓库中下载二进制文件：

```
wget -c "********s3.amazonaws****/dl4j-distribution/GoogleNews-vectors-
negative300.bin.gz"
```

完成文件下载和解压之后，使用 Gensim 的 KeyedVectors 函数：

```
import genism

model = gensim.models.KeyedVectors.load_word2vec_format(
        'GoogleNews-vectors-negative300.bin.gz', binary=True)
```

现在我们可以通过调用 model[word]获取每一个单词的向量。但是，如果处理句子而不是单个单词，就会出现问题。在本章的项目中，我们需要问题 1 和问题 2 中所有词语的向量，以便后续比较。以下代码可以给出一个新闻句子中所有单词的向量，并最终给出归一化的向量。我们称之为"句子转成向量"或者 Sent2Vec。

运行上面的函数前，请确定已经安装了 NLTK：

```
$ pip install nltk
```

建议下载 punkt 和 stopwords 软件包，因为它们也是 NLTK 的一部分：

```
import nltk
nltk.download('punkt')
nltk.download('stopwords')
```

NLTK 可用之后，只需要运行下列代码并定义 sent2vec 函数：

```
from nltk.corpus import stopwords
from nltk import word_tokenize

stop_words = set(stopwords.words('english'))

def sent2vec(s, model):
    M = []
    words = word_tokenize(str(s).lower())
    for word in words:
        #It shouldn't be a stopword
        if word not in stop_words:
            #nor contain numbers
            if word.isalpha():
                #and be part of word2vec
                if word in model:
                    M.append(model[word])
    M = np.array(M)
    if len(M) > 0:
        v = M.sum(axis=0)
        return v / np.sqrt((v ** 2).sum())
    else:
        return np.zeros(300)
```

如果句子为空，就可以返回一个标准的零值向量。

要计算问题间的相似度，另一个特征是词移距离（word mover's distance）。词移距离使用 Word2vec 嵌入，其工作原理与给出两篇文档距离的推土距离（earth mover's distance）类似。简单地说，词移距离提供了将所有单词从一个文档移动到另一个文档所需的最小距离。

 "词移距离"一词最早出现于 KUSNER、Matt 等人的论文 *From word embeddings to document distances*。如果需要实际操作介绍，你可以参考 Gensim 的距离实现教程，即 *Finding similar documents with Word2Vec and WMD*。

最终的 Word2vec（w2v）特征也包括其他距离，例如更常见的欧氏距离或余弦距离。完整的特征集合也包含对两个文档向量分布的如下一些度量：

- 词移距离；
- 归一化词移距离；
- 问题 1 向量和问题 2 向量的余弦距离；
- 问题 1 向量和问题 2 向量的曼哈顿距离；
- 问题 1 向量和问题 2 向量的杰拉德相似度；
- 问题 1 向量和问题 2 向量的堪培拉距离；
- 问题 1 向量和问题 2 向量的欧氏距离；
- 问题 1 向量和问题 2 向量的闵可夫斯基距离；
- 问题 1 向量和问题 2 向量的布雷克蒂斯距离；
- 问题 1 向量的偏度；
- 问题 2 向量的偏度；
- 问题 1 向量的峰度；
- 问题 2 向量的峰度。

所有这些 Word2vec 特征记作 **fs4**。

另一个 w2v 特征集合包含在 Word2vec 向量自身的 Word2vec 矩阵中：

- 问题 1 的 Word2vec 向量；
- 问题 2 的 Word2vec 向量。

我们将该特征集记作 **fs5**：

```
w2v_q1 = np.array([sent2vec(q, model)
                   for q in data.question1])
w2v_q2 = np.array([sent2vec(q, model)
                   for q in data.question2])
```

我们使用 scipy.spatial.distance 模块，以快速实现 Quora 问题的 Word2vec 嵌入向量之间的不同距离度量：

```
from scipy.spatial.distance import cosine, cityblock,
            jaccard, canberra, euclidean, minkowski, braycurtis

data['cosine_distance'] = [cosine(x,y)
                              for (x,y) in zip(w2v_q1, w2v_q2)]
data['cityblock_distance'] = [cityblock(x,y)
                              for (x,y) in zip(w2v_q1, w2v_q2)]
data['jaccard_distance'] = [jaccard(x,y)
                              for (x,y) in zip(w2v_q1, w2v_q2)]
data['canberra_distance'] = [canberra(x,y)
                              for (x,y) in zip(w2v_q1, w2v_q2)]
data['euclidean_distance'] = [euclidean(x,y)
                              for (x,y) in zip(w2v_q1, w2v_q2)]
data['minkowski_distance'] = [minkowski(x,y,3)
                              for (x,y) in zip(w2v_q1, w2v_q2)]
data['braycurtis_distance'] = [braycurtis(x,y)
                              for (x,y) in zip(w2v_q1, w2v_q2)]
```

这些和距离相关的特征名都保存在 fs4_1 列表中：

```
fs4_1 = ['cosine_distance', 'cityblock_distance',
        'jaccard_distance','canberra_distance',
        'euclidean_distance', 'minkowski_distance',
        'braycurtis_distance']
```

两个问题的 Word2vec 矩阵被水平叠在一起，并存储在变量 w2v 中，以便后续使用：

```
w2v = np.hstack((w2v_q1, w2v_q2))
```

词移距离函数先对两个问题进行小写转换，并去除停用词，然后返回两个问题之间的距离。此外，我们使用 init_sims 方法将所有 Word2vec 向量转换为 L2-归一化向量（每个向量都转换为单元范数，即对向量中的每个元素进行平方并求和，结果为 1）后，计算距离的归一化值：

```
def wmd(s1, s2, model):
    s1 = str(s1).lower().split()
    s2 = str(s2).lower().split()
    stop_words = stopwords.words('english')
    s1 = [w for w in s1 if w not in stop_words]
    s2 = [w for w in s2 if w not in stop_words]
    return model.wmdistance(s1, s2)
```

```
data['wmd'] = data.apply(lambda x: wmd(x['question1'],
                            x['question2'], model), axis=1)
model.init_sims(replace=True)
data['norm_wmd'] = data.apply(lambda x: wmd(x['question1'],
                            x['question2'], model), axis=1)
fs4_2 = ['wmd', 'norm_wmd']
```

在完成这些计算之后，我们有了创建一些基本的机器学习模型所需的大部分重要特征——这些特征也会作为深度学习模型的基准。图 8-8 所示为可获得的特征。

```
question1                           What is the story of Kohinoor (Koh-i-Noor) Dia...
question2                           What would happen if the Indian government sto...
is_duplicate
len_q1                                                                            0
len_q2                                                                           51
diff_len                                                                         88
len_char_q1                                                                     -37
len_char_q2                                                                      21
len_word_q1                                                                      29
len_word_q2                                                                       8
common_words                                                                     13
fuzz_qratio                                                                       4
fuzz_WRatio                                                                      66
fuzz_partial_ratio                                                               86
fuzz_partial_token_set_ratio                                                     73
fuzz_partial_token_sort_ratio                                                   100
fuzz_token_set_ratio                                                             75
fuzz_token_sort_ratio                                                            86
wmd                                                                              63
norm_wmd                                                                    3.77235
cosine_distance                                                             1.3688
cityblock_distance                                                         0.512164
jaccard_distance                                                           14.1951
canberra_distance                                                                 1
euclidean_distance                                                         177.588
minkowski_distance                                                         1.01209
braycurtis_distance                                                        0.45591
skew_q1vec                                                                  0.592655
skew_q2vec                                                                0.00873466
kur_q1vec                                                                  0.0947038
kur_q2vec                                                                    0.28401
                                                                          -0.034444
```

图 8-8

让我们在这些特征和其他基于 Word2vec 的特征上测试机器学习模型。

8.6　测试机器学习模型

开始测试之前，根据系统情况不同，你可能需要清理内存和释放空间，以防机器学习模型使用前文介绍的数据结构。这个过程可以通过 `gc.collect` 实现，它可以删除所有过去的、不再需要的变量，并使用 `psutil.virtual_memory` 函数返回准确的结果来检查可用内存：

```
import gc
import psutil
del([tfv_q1, tfv_q2, tfv, q1q2,
    question1_vectors, question2_vectors, svd_q1,
    svd_q2, q1_tfidf, q2_tfidf])
del([w2v_q1, w2v_q2])
del([model])
gc.collect()
psutil.virtual_memory()
```

迄今为止创建的不同特征及其含义如下：

- `fs_1`——基础特征；
- `fs_2`——模糊特征；
- `fs3_1`——不同问题的 TF-IDF 稀疏数据矩阵；
- `fs3_2`——合并问题的 TF-IDF 稀疏数据矩阵；
- `fs3_3`——SVD 稀疏数据矩阵；
- `fs3_4`——SVD 统计特征列表；
- `fs4_1`——Word2vec 距离特征列表；
- `fs4_2`——词移距离特征列表；
- `w2v`：使用 `Sent2Vec` 函数后的转换表述的 Word2vec 向量矩阵。

我们评估机器学习中两个基本且非常流行的模型，即 logistic 回归算法和梯度提升算法（使用 Python 中的 xgboost）。表 8-4 所示为 Kaggle 竞赛中 logistic 回归算法和 xgboost 算法在不同特征集上的性能表现。

表 8-4

特征集	logistic 回归算法的准确率	xgboost 算法的准确率
基础特征（fs1）	0.658	0.721
基础特征+模糊特征（fs1+fs2）	0.660	0.738
基础特征+模糊特征+w2v 特征（fs1+fs2+fs4）	0.676	0.766
w2v 向量特征（fs5）	*	0.780
基础特征+模糊特征+w2v 特征+w2v 向量特征（fs1+fs2+fs4+fs5）	*	0.814
TFIDF-SVD 特征（`fs3_1`）	0.777	0.749
TFIDF-SVD 特征（`fs3_2`）	0.804	0.748
TFIDF-SVD 特征（`fs3_3`）	0.706	0.763

续表

特征集	logistic 回归算法的准确率	xgboost 算法的准确率
TFIDF-SVD 特征（fs3_4）	0.700	0.753
TFIDF-SVD 特征（fs3_5）	0.714	0.759

由于内存要求较高，我们没有在*对应的特征集上训练模型。

我们可以将已获得的性能表现作为深度学习模型的基准，但也不会完全照搬其中的工作。

接下来，导入所有必需的软件包。对于 logistic 回归，我们使用 scikit-learn 实现。

xgboost 是一个可扩展的、可移植的分布式梯度提升库（基于树结构集成的机器学习算法），最初由华盛顿大学的陈天奇发明，后来由 Bing Xu 实现了 Python 的封装，由 Tong He 实现了 R 的接口。xgboost 可以在 Python、R、Java、Scala、Julia 和 C++中使用，并且既可以在单个机器上使用（利用多线程），也可以部署在 Hadoop 和 Spark 集群上。

在 Linux 和 macOS 系统上安装 xgboost 很简单，但是在 Windows 系统上，其安装过程要复杂一些。

这里提供了在 Windows 上安装 xgboost 的具体步骤。

- 下载安装 Git 的 Windows 版本（git-for-windows.github.io）。
- 需要在系统中安装 MinGW 编译器，可以根据系统的配置在 MinGW 官方网站下载。
- 在命令行中，执行：

```
$> git clone --recursive https://github.com/dmlc/xgboost
$> cd xgboost
$> git submodule init
$> git submodule update
```

- 在命令行中，复制 64 位系统的配置信息作为默认配置：

```
$> copy make\mingw64.mk config.mk
```

或者，只需复制 32 位系统的配置信息：

```
$> copy make\mingw.mk config.mk
```

- 配置信息复制完成之后，我们可以运行编译器，将其设置为使用 4 个线程以加速编译过程：

```
$> mingw32-make -j4
```

- 在 MinGW 中，使用 make 命令需要输入 mingw32-make。如果你使用不
  同的编译器，上面的命令可能不会起作用，但是可以直接尝试：

```
$> make -j4
```

- 如果编译器顺利完成编译，就可以使用以下命令在 Python 中安装 xgboost 了：

```
$> cd python-package
$> python setup.py install
```

正确安装 xgboost 之后，让我们导入机器学习算法模型：

```
from sklearn import linear_model
from sklearn.preprocessing import StandardScaler
import xgboost as xgb
```

由于将使用一个容易被特征规模影响的 logistic 回归求解器（sag 求解器，其线性计算
时间与数据的规模相关），因此我们先用 scikit-learn 中的 scaler 函数标准化数据：

```
scaler = StandardScaler()
y = data.is_duplicate.values
y = y.astype('float32').reshape(-1, 1)
X = data[fs_1+fs_2+fs3_4+fs4_1+fs4_2]
X = X.replace([np.inf, -np.inf], np.nan).fillna(0).values
X = scaler.fit_transform(X)
X = np.hstack((X, fs3_3))
```

我们通过过滤 fs_1、fs_2、fs3_4、fs4_1 和 fs4_2 变量集来选定一些用于训练的
数据，然后叠加 fs3_3 的稀疏 SVD 数据矩阵；也可以随机划分，分出 1/10 的数据用于验
证（这样可以有效地评估所创建模型的质量）。代码如下：

```
np.random.seed(42)
n_all, _ = y.shape
idx = np.arange(n_all)
np.random.shuffle(idx)
n_split = n_all // 10
idx_val = idx[:n_split]
idx_train = idx[n_split:]
x_train = X[idx_train]
y_train = np.ravel(y[idx_train])
x_val = X[idx_val]
y_val = np.ravel(y[idx_val])
```

在第一个模型中，我们尝试使用 logistic 回归算法，并设定 L2 正则化参数 C 为 0.1 （最

保守的正则化）。准备好模型后，在验证集（x_val 是训练矩阵，y_val 是正确答案）上测试效果。结果可以通过准确率（即验证集上正确预测的比例）进行评估：

```
logres = linear_model.LogisticRegression(C=0.1,
                                         solver='sag', max_iter=1000)
logres.fit(x_train, y_train)
lr_preds = logres.predict(x_val)
log_res_accuracy = np.sum(lr_preds == y_val) / len(y_val)
print("Logistic regr accuracy: %0.3f" % log_res_accuracy)
```

等待片刻（求解器最多迭代 1000 次，就会停止收敛），验证集上得到的准确率是 0.743，这将是我们的起始基准。

现在，我们尝试用 xgboost 算法做预测。作为梯度提升算法的一种，这种学习算法比简单的 logistic 回归算法的方差更大（因此能够拟合复杂的预测函数，但也会出现过拟合现象），而 logistic 回归的偏差较大（而在最后，偏差是系数的总和），因此我们可以从 xgboost 算法中得到更好的结果。我们将决策树的最大深度固定为 4（这个深度较小，可以避免过拟合），并设置学习率 eta 为 0.02（因为学习率比较小，所以模型可以生成许多树）。我们还可以设置一个监测列表，用于查看验证集上的表现，即如果验证集上的预期误差在超过 50 步后还没有减小，就尽早停止训练。

在同一个集合（例如本例中的验证集）上尽早停止训练并返回最终结果并不是好的措施。在现实中，我们应该设置一个验证集以便调整模型运行（例如提前停止），以及一个测试集用来报告泛化新数据时的预期结果。

设置完成之后，运行算法。这一次，训练的时间要比使用 logistic 回归算法训练的时间长：

```
params = dict()
params['objective'] = 'binary:logistic'
params['eval_metric'] = ['logloss', 'error']
params['eta'] = 0.02
params['max_depth'] = 4
d_train = xgb.DMatrix(x_train, label=y_train)
d_valid = xgb.DMatrix(x_val, label=y_val)
watchlist = [(d_train, 'train'), (d_valid, 'valid')]
bst = xgb.train(params, d_train, 5000, watchlist,
                early_stopping_rounds=50, verbose_eval=100)
xgb_preds = (bst.predict(d_valid) >= 0.5).astype(int)
xgb_accuracy = np.sum(xgb_preds == y_val) / len(y_val)
print("Xgb accuracy: %0.3f" % xgb_accuracy)
```

`xgboost` 算法在验证集上的准确率是 0.803。

8.7　搭建 TensorFlow 模型

本章的深度学习模型将用 TensorFlow 搭建，并在 Abhishek Thakur 使用 Keras 编写的代码上进行修改。Keras 是一个 Python 库，其为 TensorFlow 提供了一个简单的接口。TensorFlow 有对 Keras 的官方支持，并且使用 Keras 训练的模型可以轻松地转换为 TensorFlow 模型。Keras 支持深度学习模型的快捷原型搭建和测试。在本项目中，我们会重新用 TensorFlow 完整地编写解决方案。

首先，导入必要的库，特别是 TensorFlow，并通过输出检查其版本：

```
import zipfile
from tqdm import tqdm_notebook as tqdm
import tensorflow as tf
print("TensorFlow version %s" % tf.__version__)
```

把数据加载到 pandas 数据库 `df` 中，也可以从本地磁盘加载数据。把缺失值替换为空字符串，并把包含答案的 y 变量编码为 1（重复问题）或 0（非重复问题）：

```
try:
    df = data[['question1', 'question2', 'is_duplicate']]
except:
    df = pd.read_csv('data/quora_duplicate_questions.tsv', sep='\t')
    df = df.drop(['id', 'qid1', 'qid2'], axis=1)
df = df.fillna('')
y = df.is_duplicate.values
y = y.astype('float32').reshape(-1, 1)
```

现在我们继续为此数据集构建深度神经网络。

8.8　构建深度神经网络之前所做的处理

在将数据输入任何神经网络之前，我们必须先对其进行切分，然后将数据转换为序列。这就要用到 Keras 的 `Tokenizer` 函数，并设置词语的最大数量为 200000，序列最长为 40。多于 40 个词语的句子都会被分割，并保留前 40 个词语：

```
Tokenizer = tf.keras.preprocessing.text.Tokenizer
pad_sequences = tf.keras.preprocessing.sequence.pad_sequences

tk = Tokenizer(num_words=200000) max_len = 40
```

设置完 Tokenizer 和 tk 后，我们就可以在问题 1 和问题 2 的连接列表上使用它们了，并可以学习语料库中所有可能的单词：

```
tk.fit_on_texts(list(df.question1) + list(df.question2))
x1 = tk.texts_to_sequences(df.question1)
x1 = pad_sequences(x1, maxlen=max_len)
x2 = tk.texts_to_sequences(df.question2)
x2 = pad_sequences(x2, maxlen=max_len)
word_index = tk.word_index
```

word_index 是一个词典，包含所有被分割的单词及其所对应索引的配对，以便跟踪分割器的运行效果。

使用 GloVe 词嵌入算法时，我们必须将其加载到内存中，这和之前获取 Word2vec 词嵌入的方法类似。

GloVe 词嵌入算法可以在 Shell 中使用以下命令获取：

```
wget ******nlp.stanford.****/data/glove.840B.300d.zip
```

GloVe 词嵌入算法与 Word2vec 词嵌入算法类似，也可以根据单词共现把单词编码到复杂的多维空间上。但是，正如有的论文所介绍的，GloVe 并不像 Word2vec 那样是从一个神经网络优化中得到的，而是试图通过上下文来预测一个单词。GloVe 来自经过降维（例如在准备数据中提到的 SVD 矩阵分解）的单词共现计数矩阵（矩阵记录了行中的单词与列中的单词共现的次数）。

那么为什么使用 GloVe 词嵌入算法，而不用 Word2vec 词嵌入算法呢？事实上，两者之间的主要区别是 GloVe 词嵌入算法在某些问题上表现得更好，而 Word2vec 词嵌入算法在其他问题上表现得更好。对于本书的项目，在经过试验后，我们发现 GloVe 词嵌入算法在深度学习算法中表现得更好。你可以通过斯坦福大学的官方网页了解更多有关 GloVe 词嵌入算法的信息及其用途。

理解了 GloVe 词嵌入算法后，我们开始创建 embedding_matrix，通过从 GloVe 文件中提取的词向量（每个大小为 300 个元素）填充 embedding_matrix 数组的行。

让我们编写代码以读入词向量文件，并将其存储在词嵌入矩阵中，该矩阵最终会包含所有分割开来的单词及其对应的向量。代码如下：

```
embedding_matrix = np.zeros((len(word_index) + 1, 300), dtype='float32')

glove_zip = zipfile.ZipFile('data/glove.840B.300d.zip')
glove_file = glove_zip.filelist[0]
```

```
f_in = glove_zip.open(glove_file)
for line in tqdm(f_in):
    values = line.split(b' ')
    word = values[0].decode()
    if word not in word_index:
        continue
    i = word_index[word]
    coefs = np.asarray(values[1:], dtype='float32')
    embedding_matrix[i, :] = coefs

f_in.close()
glove_zip.close()
```

从一个空值 embedding_matrix 开始，然后将每一个行向量对应于矩阵的准确行号。我们已经在切词器的编码过程中定义好单词和行之间的这种对应关系，并将其保存在 word_index 词典中。

我们用 embedding_matrix 完成词嵌入加载后，就可以开始构建深度学习模型了。

8.9　深度神经网络的构建模块

在本节中，我们会给出本项目的深度学习模型的关键函数：先进行批输入（提供数据分块以进行深度神经网络学习），然后准备复杂的 LSTM 结构（见 5.4 节）的构建模块。

我们开始创建的第一个函数是 prepare_batches，该函数基于问题序列和 step 值（批的大小）返回一个问题列表的列表，其中内部的列表是要学习的序列批次：

```
def prepare_batches(seq, step):
    n = len(seq)
    res = []
    for i in range(0, n, step):
        res.append(seq[i:i+step])
    return res
```

密度函数会根据给定的批的大小创建一个全连接的神经网络层，并用均值为 0、标准差为 2 除以输入特征数的商的平方根的随机正态分布函数进行激活和初始化。

恰当的初始化可以帮助输入的导数反向传播到较深的网络。事实上，如果网络的初始化权重太小，导数会随着传播逐渐衰减，直到变得很微弱而无法触发激活函数；如果网络的初始化权重太大，导数会随着传播逐渐增大（所谓的梯度爆炸问题），那么网络就不会收敛到一个合适的解，并且会因为处理的数值过大而中断。

初始化过程通过设置一个合理的起点来确保权重是得当的，并且导数可以通过许多层传播。深度学习网络中有许多初始化方法，例如 Glorot 和 Bengio 提出的 Xavier（其实，Xavier

也是 Glorot 的名字）方法，以及 He、Rang、Zhen 和 Sun 在 Glorot 和 Bengio 的基础上提出的另一种方法，通常叫作 He 方法。

 权重初始化是构建神经网络架构中一个非常具有技术性的操作，也是很关键的一环。如果你想要了解更多，可以首先阅读以下博客，其中涉及一些更加数学化的解释：*Initialization of Deep Network*。

在本项目中，我们选用 He 方法进行初始化，因为它对整流单元非常有效。整流单元（ReLu）是深度学习的动力源，因为它支持信号传播的同时可以避免梯度消失和梯度爆炸问题。从实际角度讲，用 ReLu 激活的神经元在大多数情况下抑制了零值。保证足够大的方差以使通过该层的输入和输出梯度具有恒定的方差，这有助于激活函数发挥其最佳效果，正如 HE、Kaiming 等人的论文 *Delving deep into rectifiers: Surpassing human-level performance on imagenet classification* 中所介绍的一样。

```
def dense(X, size, activation=None):
    he_std = np.sqrt(2 / int(X.shape[1]))
    out = tf.layers.dense(X, units=size,
                activation=activation,
                kernel_initializer=\
                tf.random_normal_initializer(stddev=he_std))
    return out
```

接下来，我们开始介绍另一种神经网络层，即时间分布全连接层。

这种神经网络层用在循环神经网络中，以保持输入和输出之间的一对一关系。RNN 结构（带有一定数量的单元提供通道输出）如果使用标准全连接层，则接收维度为行（样本）乘以列（序列）的矩阵，生成并输出的矩阵的维度是行乘以通道（单元）数；如果使用时间分布全连接层，则输出的维度将变为行乘以列乘以通道数。事实上，其在时间戳（对应每一列）上应用了一个全连接神经网络。

时间分布全连接层经常用在当你有一个输入序列，并希望根据序列的出现，标记每一个输入序列时。这是一个标记任务的常见场景，例如多标签分类或者词性标注。本节的项目会在 GloVe 词嵌入后使用时间分布全连接层，以便处理每一个 GloVe 词向量随着问题序列中词语的出现而改变的情况。

例如，假设有两个例子的序列（两个问题示例），每个例子都有 3 个序列（一些单词），每个序列都由 4 个元素（词嵌入）构成。如果我们有这样的数据集，并传给带有 5 个隐藏单元的时间分布全连接层，会得到大小为(2, 3, 5)的张量。事实上，当输入通过时间分布全连接层时，每一个例子都保留了序列，但是词嵌入被 5 个隐藏单元的结果所替代。然后通过降维，得到的是大小为(2, 5)的张量，这就是每个例子的最终向量。

如果你想复制之前的例子，代码如下：

```
print("Tensor's shape:", X.shape)
tensor = tf.convert_to_tensor(X, dtype=tf.float32)
dense_size = 5
i = time_distributed_dense(tensor, dense_size)
print("Shape of time distributed output:", i)
j = tf.reduce_sum(i, axis=1)
print("Shape of reduced output:", j)
```

 和其他神经网络层相比，时间分布全连接层的概念可能会有点不易理解，请参考互联网上的相关讨论。

```
def time_distributed_dense(X, dense_size):
    shape = X.shape.as_list()
    assert len(shape) == 3
    _, w, d = shape
    X_reshaped = tf.reshape(X, [-1, d])
    H = dense(X_reshaped, dense_size,
                        tf.nn.relu)
    return tf.reshape(H, [-1, w, dense_size])
```

conv1d 和 maxpool1d_global 函数在 TensorFlow 的函数 tf.layers.conv1d（卷积层）和函数 tf.reduce_max（用于计算输入张量维度上元素的最大值）的最终封装中。在自然语言处理中，这种池化（也叫作全局最大池化）比在计算机视觉的深度学习应用中常见的标准最大池化使用得更频繁。全局最大池化只取输入向量的最大值，但是标准最大池化根据池的大小返回由输入向量在不同池化下的最大值构成的新向量：

```
def conv1d(inputs, num_filters, filter_size, padding='same'):
    he_std = np.sqrt(2 / (filter_size * num_filters))
    out = tf.layers.conv1d(
        inputs=inputs, filters=num_filters, padding=padding,
        kernel_size=filter_size,
        activation=tf.nn.relu,
        kernel_initializer=tf.random_normal_initializer(stddev=he_std))
    return out
def maxpool1d_global(X):
    out = tf.reduce_max(X, axis=1)
    return out
```

核心函数 lstm 通过随机数生成器在每一次运行时都会被不同的作用域初始化，而随机数生成器使用 He 方法初始化。lstm 函数是 TensorFlow 中两个模块的封装：

`tf.contrib.rnn.BasicLSTMCell`，对应基础的 LSTM 循环网络层；`tf.contrib.rnn.static_rnn`，负责创建由单元层指定的循环神经网络。

 基础的 LSTM 循环网络单元的实现基于 Zaremba Wojciech、Sutskever Ilya 和 Vinyals Oriol 的论文 *Recurrent neural network regularization*。

```
def lstm(X, size_hidden, size_out):
    with tf.variable_scope('lstm_%d'
                            % np.random.randint(0, 100)):
        he_std = np.sqrt(2 / (size_hidden * size_out))
        W = tf.Variable(tf.random_normal([size_hidden, size_out],
                                         stddev=he_std))
        b = tf.Variable(tf.zeros([size_out]))
        size_time = int(X.shape[1])
        X = tf.unstack(X, size_time, axis=1)
        lstm_cell = tf.contrib.rnn.BasicLSTMCell(size_hidden,
                                                 forget_bias=1.0)
        outputs, states = tf.contrib.rnn.static_rnn(lstm_cell, X,
                                                    dtype='float32')
        out = tf.matmul(outputs[-1], W) + b
        return out
```

至此，我们收集了本项目用于定义神经网络的所有必需构建模块，随后可以用这一神经网络来学习区分重复问题。

8.10 设计学习架构

我们先通过确定一些参数来定义学习架构，例如 GloVe 词嵌入的特征数、滤波器的数量和长度、最大池化策略的长度和学习率：

```
max_features = 200000
filter_length = 5
nb_filter = 64
pool_length = 4
learning_rate = 0.001
```

发现可能重复的问题并试图掌握更少或更多不同短语的不同语义确实是一项艰巨的任务，这需要用到复杂的架构。经过多次试验，我们创建了一个由 LSTM、时间分布全连接层和一维卷积神经网络组成的更深的模型。这个模型有 6 类输入，可以通过连接合为 1 个输入。连接之后，整个架构由 5 个全连接层和 1 个带有 sigmoid 激活函数的输出层构成。

图 8-9 所示的是完整的模型。

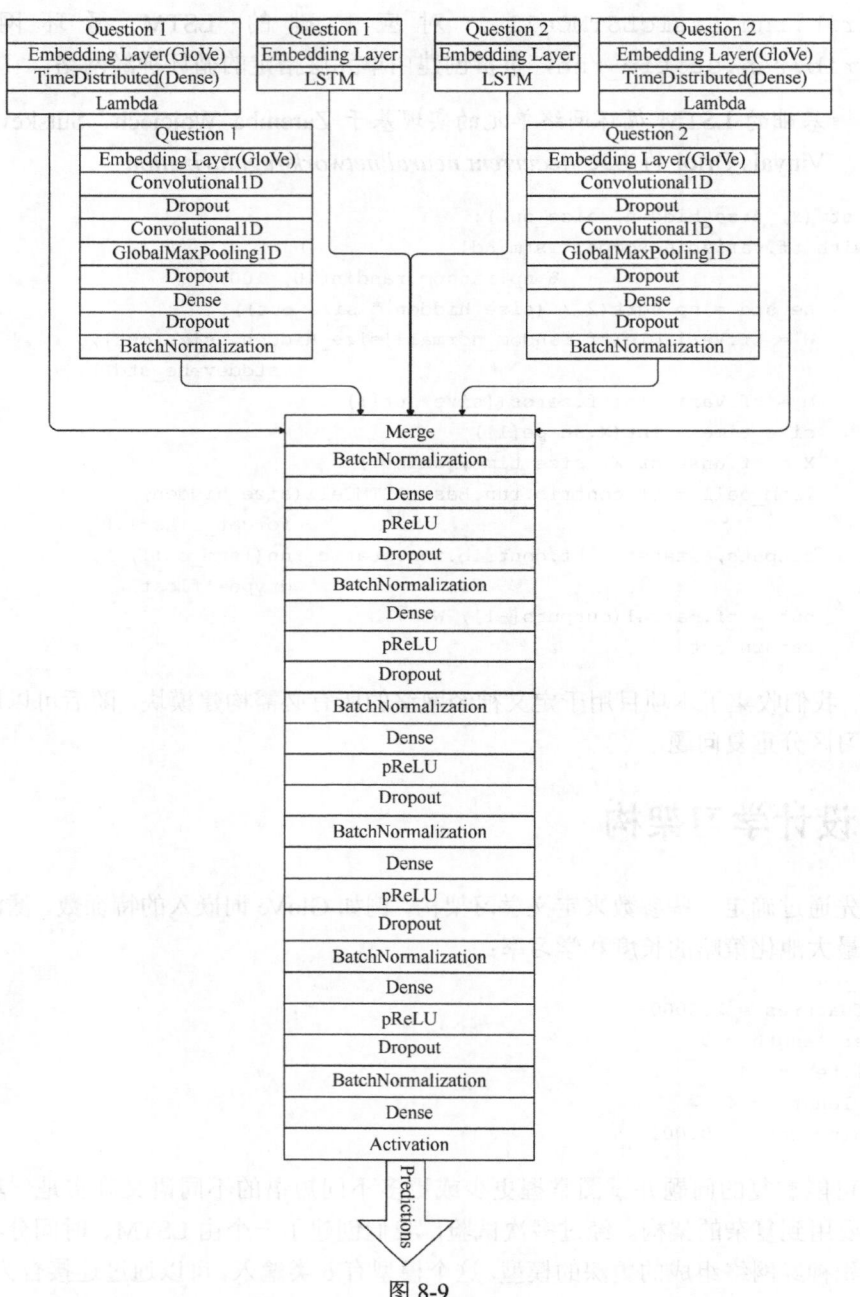

图 8-9

第一类输入包含一个由 GloVe 算法初始化的词嵌入层，以及紧接着的时间分布全连接层。第二类输入包含基于 GloVe 算法初始化的词嵌入的一维卷积神经网络。第三类输入是一个基于从零开始学习的词嵌入的 LSTM 模型。其他三类输入与前面三类的模式相同,只不过对应问题 2。

我们先定义 6 个模型并将它们连接起来,最终通过连接的方法将模型合并,即将来自 6 个模型的向量水平叠在一起。

尽管下面的代码很长,但是不难理解。每一步都从 3 个输入占位符开始:`place_q1`、`place_q2` 和 `place_y`。它们分别为 6 个模型传入问题 1、问题 2 和目标响应。这些问题都通过 GloVe(`q1_glove_lookup` 和 `q2_glove_lookup`)以及随机均匀策略进行词嵌入。两种词嵌入向量都是 300 维的。

前两个模型 `model1` 和 `model2` 获取 GloVe 词嵌入结果,并应用时间分布全连接层。

随后的两个模型 `model3` 和 `model4` 获取 GloVe 词嵌入结果并按照卷积、dropout 和最大池化对其进行处理。最终的输出向量通过批归一化保证不同生成批之间有稳定的方差。

 如果你想知道批归一化的具体细节,那么可以参考 Abhishek Shivkumar 在 Quora 上的回答。他明确给出了关于批归一化的所有要点,以及为什么其在神经网络中会有效。

最后,`model5` 和 `model6` 获取随机均匀词嵌入结果,并使用 LSTM 处理。我们将所有 6 个模型的结果连接在一起,并进行批归一化:

```
graph = tf.Graph()
graph.seed = 1

with graph.as_default():
    place_q1 = tf.placeholder(tf.int32, shape=(None, max_len))
    place_q2 = tf.placeholder(tf.int32, shape=(None, max_len))
    place_y = tf.placeholder(tf.float32, shape=(None, 1))
    place_training = tf.placeholder(tf.bool, shape=())

    glove = tf.Variable(embedding_matrix, trainable=False)
    q1_glove_lookup = tf.nn.embedding_lookup(glove, place_q1)
    q2_glove_lookup = tf.nn.embedding_lookup(glove, place_q2)

    emb_size = len(word_index) + 1
    emb_dim = 300
    emb_std = np.sqrt(2 / emb_dim)
    emb = tf.Variable(tf.random_uniform([emb_size, emb_dim],
                                        -emb_std, emb_std))
    q1_emb_lookup = tf.nn.embedding_lookup(emb, place_q1)
    q2_emb_lookup = tf.nn.embedding_lookup(emb, place_q2)
```

```
model1 = q1_glove_lookup
model1 = time_distributed_dense(model1, 300)
model1 = tf.reduce_sum(model1, axis=1)

model2 = q2_glove_lookup
model2 = time_distributed_dense(model2, 300)
model2 = tf.reduce_sum(model2, axis=1)

model3 = q1_glove_lookup
model3 = conv1d(model3, nb_filter, filter_length, padding='valid')
model3 = tf.layers.dropout(model3, rate=0.2, training=place_training)
model3 = conv1d(model3, nb_filter, filter_length, padding='valid')
model3 = maxpool1d_global(model3)
model3 = tf.layers.dropout(model3, rate=0.2, training=place_training)
model3 = dense(model3, 300)
model3 = tf.layers.dropout(model3, rate=0.2, training=place_training)
model3 = tf.layers.batch_normalization(model3, training=place_training)

model4 = q2_glove_lookup
model4 = conv1d(model4, nb_filter, filter_length, padding='valid')
model4 = tf.layers.dropout(model4, rate=0.2, training=place_training)
model4 = conv1d(model4, nb_filter, filter_length, padding='valid')
model4 = maxpool1d_global(model4)
model4 = tf.layers.dropout(model4, rate=0.2, training=place_training)
model4 = dense(model4, 300)
model4 = tf.layers.dropout(model4, rate=0.2, training=place_training)
model4 = tf.layers.batch_normalization(model4, training=place_training)

model5 = q1_emb_lookup
model5 = tf.layers.dropout(model5, rate=0.2, training=place_training)
model5 = lstm(model5, size_hidden=300, size_out=300)

model6 = q2_emb_lookup
model6 = tf.layers.dropout(model6, rate=0.2, training=place_training)
model6 = lstm(model6, size_hidden=300, size_out=300)

merged = tf.concat([model1, model2, model3, model4, model5,
                    model6], axis=1)
merged = tf.layers.batch_normalization(merged, training=place_training)
```

添加 5 个带有 dropout 和批归一化的全连接层，以完成整个架构。最后是一个带有 sigmoid 激活函数的输出层。整个模型使用基于对数损失的 AdamOptimizer 进行优化：

```
for i in range(5):
    merged = dense(merged, 300, activation=tf.nn.relu)
    merged = tf.layers.dropout(merged, rate=0.2,
```

```
                              training=place_training)
          merged = tf.layers.batch_normalization(merged,
                              training=place_training)

      merged = dense(merged, 1, activation=tf.nn.sigmoid)
      loss = tf.losses.log_loss(place_y, merged)
      prediction = tf.round(merged)
      accuracy = tf.reduce_mean(tf.cast(tf.equal(place_y, prediction),
                              'float32'))
      opt = tf.train.AdamOptimizer(learning_rate=learning_rate)

      # for batchnorm
      extra_update_ops = tf.get_collection(tf.GraphKeys.UPDATE_OPS)
      with tf.control_dependencies(extra_update_ops):
          step = opt.minimize(loss)

      init = tf.global_variables_initializer()

  session = tf.Session(config=None, graph=graph)
  session.run(init)
```

定义好架构后，接下来要做的是初始化模型并准备学习。一种好的习惯是把可用数据分成训练集（9/10）和测试集（1/10）。固定随机种子可以支持结果重现：

```
np.random.seed(1)

n_all, _ = y.shape
idx = np.arange(n_all)
np.random.shuffle(idx)

n_split = n_all // 10
idx_val = idx[:n_split]
idx_train = idx[n_split:]

x1_train = x1[idx_train]
x2_train = x2[idx_train]
y_train = y[idx_train]

x1_val = x1[idx_val]
x2_val = x2[idx_val]
y_val = y[idx_val]
```

运行下列代码，训练就开始了。同时可以发现，模型的准确率随着轮数的增多而得到提升。但是，根据需要迭代的批的数量不同，模型会花费大量时间来训练。在 NVIDIA TITAN X 上，这个模型每轮运行的时间超过 300s。为了平衡准确率和训练时间，我们选择训练 10 轮：

```python
val_idx = np.arange(y_val.shape[0])
val_batches = prepare_batches(val_idx, 5000)

no_epochs = 10

# see https://github.com/tqdm/tqdm/issues/481
tqdm.monitor_interval = 0

for i in range(no_epochs):
    np.random.seed(i)
    train_idx_shuffle = np.arange(y_train.shape[0])
    np.random.shuffle(train_idx_shuffle)
    batches = prepare_batches(train_idx_shuffle, 384)
    progress = tqdm(total=len(batches))
    for idx in batches:
        feed_dict = {
            place_q1: x1_train[idx],
            place_q2: x2_train[idx],
            place_y: y_train[idx],
            place_training: True,
        }
        _, acc, l = session.run([step, accuracy, loss], feed_dict)
        progress.update(1)
        progress.set_description('%.3f / %.3f' % (acc, l))

    y_pred = np.zeros_like(y_val)
    for idx in val_batches:
        feed_dict = {
            place_q1: x1_val[idx],
            place_q2: x2_val[idx],
            place_y: y_val[idx],
            place_training: False,
        }
        y_pred[idx, :] = session.run(prediction, feed_dict)

    print('batch %02d, accuracy: %0.3f' % (i, np.mean(y_val == y_pred)))
```

　　经过 10 轮训练，模型的准确率达到 82.5%，这比之前的基准表现提高了不少。当然，模型还可以通过更好的预处理和切词进一步提升效果。训练更多的轮数（可达 200 轮）也有助于提升准确率。词干提取和词形还原也可以把准确率提升到接近 88%，这也是 Quora 提到的当前最好的效果。

训练完成后，我们使用内存会话测试一些问题的评估。我们使用两个重复问题加以测试，但是该程序对于任意一对问题都是有效的。

 和许多机器学习算法一样，本项目的算法依赖于训练集上的数据分布，而真实问题的数据分布可能和训练集上的数据分布完全不同，这会加大算法预测的难度。

```
def convert_text(txt, tokenizer, padder):
    x = tokenizer.texts_to_sequences(txt)
    x = padder(x, maxlen=max_len)
    return x

def evaluate_questions(a, b, tokenizer, padder, pred):
    feed_dict = {
            place_q1: convert_text([a], tk, pad_sequences),
            place_q2: convert_text([b], tk, pad_sequences),
            place_y: np.zeros((1,1)),
            place_training: False,
        }
    return session.run(pred, feed_dict)
isduplicated = lambda a, b: evaluate_questions(a, b, tk, pad_sequences, prediction)

a = "Why are there so many duplicated questions on Quora?"
b = "Why do people ask similar questions on Quora multiple times?"

print("Answer: %0.2f" % isduplicated(a, b))
```

运行上述代码，结果应该显示问题重复（Answer:1.0）。

8.11 小结

在本章中，我们利用 TensorFlow 构建了一个深度神经网络，用于检测 Quora 数据集上的重复问题。这个项目讨论、修改和实践了前文中学到的不同内容：TF-IDF、SVD、经典机器学习算法、Word2vec 和 GloVe 词嵌入算法以及 LSTM 模型，最后得到了一个准确率为 82.5% 的模型。这比传统的机器学习算法要好，也很接近当前 Quora 博客中提到的最好效果。

注意，本章涉及的模型和方法可以应用于任何语义匹配问题。

第 9 章 用 TensorFlow 构建推荐系统

推荐系统（recommender system）是基于用户与系统的历史交互信息，为用户提供个性化建议的一类算法。经典的例子是，亚马逊公司和其他电子商务网站上"买了物品 X 的用户也买了物品 Y"的推荐。

过去几年，推荐系统显现出重要的意义：在线网站的推荐（recommendation）做得越好，收益可能就越多。这个意义越来越明显。这也是为什么今天的网站几乎都有个性化推荐模块。

在本章中，我们将用 TensorFlow 构建推荐系统。

本章主要包括如下内容：

● 推荐系统基础；

● 推荐系统的矩阵分解；

● 基于循环神经网络的高级推荐系统。

学完本章，你将了解为训练推荐系统而准备数据的方法，能用 TensorFlow 构建自己的模型，并能对这些模型进行简单的评估。

9.1 推荐系统

推荐系统的任务是获取所有可能选项的列表，并根据具体用户的偏好对列表进行排序以形成有序列表。这个有序列表就是一个个性化的排序列表，即**推荐**。

例如，一个购物网站会设计一个推荐区域，可供用户在其中看到相关物品并决定是否购买；售卖音乐会的门票的网站会推荐有趣的表演；在线音乐播放器会推荐用户可能喜欢的歌曲；在线课程的网站会推荐与用户已完成课程类似的课程，如图 9-1 所示。

推荐通常会基于历史数据［用户过去的交易历史、页面（或物品）访问历史以及单击操作］进行。因此，推荐系统会利用历史数据和机器学习从用户行为中提取模式，并基于此给出最优推荐。

企业对于尽可能给出最优推荐很感兴趣，这通常会改善用户的体验，而企业也会因此获得更多的收入。如果我们向用户推荐一个他以前从未注意到的物品，而用户也购买了它，那么这意味着我们不仅让用户满意了，还卖出了一个可能滞销的物品。

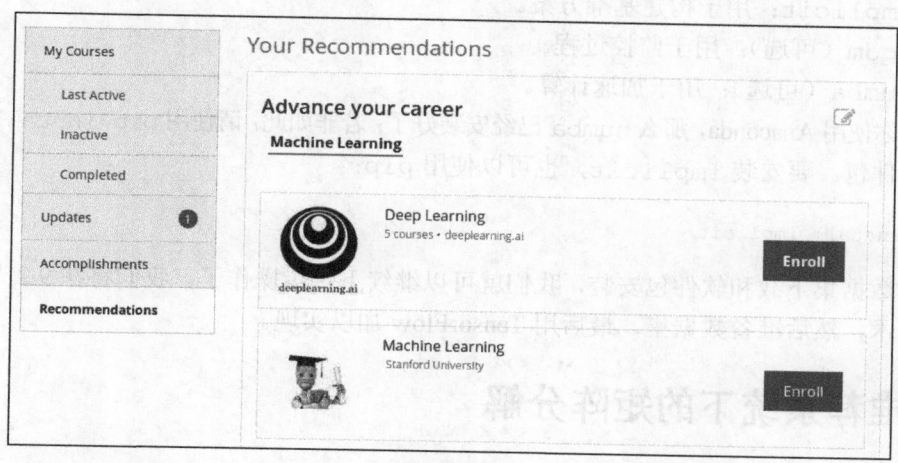

图 9-1

本章旨在用 TensorFlow 实现推荐系统。我们首先会介绍经典算法，然后继续尝试基于 RNN 和 LSTM 的复杂模型。对于每一个模型，我们会先给出简要介绍，然后在 TensorFlow 中实现该模型。

为了说明这些内容，我们会用到来自美国加州大学尔湾分校机器学习仓库的线上零售数据集。该数据集本身是一个 Excel 文件，其中包括以下内容：

- `InvoiceNo`——发票号，即每一笔交易的唯一标识；
- `StockCode`——物品 ID；
- `Description`——物品名称；
- `Quantity`——交易中物品的购买次数；
- `InvoiceDate`——发票日期；
- `UnitPrice`——物品单价；
- `CustomerID`——用户 ID；
- `Country`——用户所属国家或地区的名称。

数据集包含 25900 笔交易，每笔交易大约包含 20 个物品，因此一共约有 540000 个物品。所有交易由 2010 年 12 月到 2011 年 12 月的 4300 名用户产生。

要下载数据集，可以使用浏览器下载并保存，也可以使用 `wget`。

对于这个项目，我们将用到下列 Python 软件包。

- `pandas`：用于读取数据。
- `numpy` 和 `scipy`：用于数值运算。
- `tensorflow`：用于创建模型。

- implicit：用于构建基准方案。
- tqdm（可选）：用于监控过程。
- numba（可选）：用于加速计算。

如果你使用 Anaconda，那么 numba 已经安装好了；若非如此，请使用 pip install numba 获取该软件包。要安装 implicit，也可以使用 pip：

```
pip install implicit
```

完成数据集下载和软件包安装，我们就可以继续下一步操作了。我们将在 9.2 节回顾矩阵分解技术，然后准备数据集，最后用 TensorFlow 加以实现。

9.2　推荐系统下的矩阵分解

在本节中，我们会介绍推荐系统中的传统技术。用 TensorFlow 实现这些技术很简单，最终代码也很灵活，并且允许修改和优化。

我们会使用线上零售数据集，先定义要解决的问题，建立基准，然后实现经典的矩阵分解算法，并基于贝叶斯个性化排序做一些修改。

9.2.1　数据集准备和基准

现在我们开始构建推荐系统。首先，声明需要导入的库：

```
import tensorflow as tf
import pandas as pd
import numpy as np
import scipy.sparse as sp
from tqdm import tqdm
```

读入数据集：

```
df = pd.read_excel('Online Retail.xlsx')
```

读取 xlsx 文件要花一些时间。如果想为下次读入文件节省时间，可以把读入的文件复制到 pickle 文件中：

```
import pickle
with open('df_retail.bin', 'wb') as f_out:
    pickle.dump(df, f_out)
```

这个文件的读取速度要快很多，因此应该使用已保存的 pickle 文件加载数据：

```
with open('df_retail.bin', 'rb') as f_in:
    df = pickle.load(f_in)
```

数据加载完成后，我们可以使用 head 函数查看数据：

```
df.head()
```

然后可以看到表 9-1 所示的数据。

表 9-1

	InvoiceNo	StockCode	Description	Quantity	InvoiceDate	UnitPrice	CustomerID	Country
0	536365	85123A	WHITE HANGING HEART T-LIGHT HOLDER	6	2010-12-01 08:26:00	2.55	17850.0	United Kingdom
1	536365	71053	WHITE METAL LANTERN	6	2010-12-01 08:26:00	3.39	17850.0	United Kingdom
2	536365	84406B	CREAM CUPID HEARTS COAT HANGER	8	2010-12-01 08:26:00	2.75	17850.0	United Kingdom
3	536365	84029G	KNITTED UNION FLAG HOT WATER BOTTLE	6	2010-12-01 08:26:00	3.39	17850.0	United Kingdom
4	536365	84029E	RED WOOLLY HOTTIE WHITE HEART	6	2010-12-01 08:26:00	3.39	17850.0	United Kingdom

如果仔细观察数据，我们会发现以下问题。

● 列名中有的字母是大写的。这有些不自然，为此我们把它们改成小写。

● 一些交易是还款，而这些数据并不是我们感兴趣的，因此应该过滤掉。

● 一些交易来自未知用户。我们可以为未知用户指定一些公共 ID，如-1。此外，未知用户都被编码成 NaN，这也是 CustomerID 列被编码成浮点数的原因，而我们需要将其转换为整数。

上述问题可以通过以下代码解决：

```
df.columns = df.columns.str.lower()
df = df[~df.invoiceno.astype('str').str.startswith('C')].reset_index(drop=True)
df.customerid = df.customerid.fillna(-1).astype('int32')
```

接着，我们把所有物品 ID（stockcode）编码成整数，其中一个方法是构建从每一个编码到某个唯一索引号的映射：

```
stockcode_values = df.stockcode.astype('str')

stockcodes = sorted(set(stockcode_values))
stockcodes = {c: i for (i, c) in enumerate(stockcodes)}

df.stockcode = stockcode_values.map(stockcodes).astype('int32')
```

编码完成后，我们可以把数据集分成训练集、验证集和测试集。由于已经有了线上零售数据集，我们可以先根据时间划分。因此我们使用：

- **训练集**——2011 年 10 月 9 日以前的数据（大约 10 个月，约 378500 行）；
- **验证集**——2011 年 10 月 9 日—2011 年 11 月 9 日的数据（1 个月，约 64500 行）；
- **测试集**——2011 年 11 月 9 日之后的数据（也是 1 个月，约 89000 行）。

为此，我们筛选数据：

```
df_train = df[df.invoicedate < '2011-10-09']
df_val = df[(df.invoicedate >= '2011-10-09') &
            (df.invoicedate <= '2011-11-09')]
df_test = df[df.invoicedate >= '2011-11-09']
```

在这一部分，我们将考虑下列（简化的）推荐场景：

- 用户来到网站；
- 系统给出 5 个推荐物品；
- 用户评估推荐列表，可能购买其中的几样物品，然后像往常一样继续购物。

我们需要为推荐场景中的第二步构建模型，为此使用训练集，然后用验证集模拟第二步和第三步。要验证推荐效果，可以统计用户实际购买的推荐物品的数量。

这里的评估标准是成功推荐的数量（用户实际购买的物品数量）除以全部推荐数量，也就是精度，这是评价机器学习模型性能的一种常用方法。

我们也会在本项目中使用准确率——这是一种非常简单的评价性能的方法，当然还有许多评价性能的不同方法，例如**平均精度均值**（Mean Average Precision，MAP）、**归一化折损累积增益**（Normalized Discounted Cumulative Gain，NDCG）等。为了简单起见，我们在本章中不使用这些方法。

在介绍本项目的机器学习算法之前，我们首先建立基准。例如，可以计算每一个物品被购买的次数，然后取最常被购买的 5 个物品，并推荐给所有用户：

用 pandas 很容易实现上述目标：

```
top = df_train.stockcode.value_counts().head(5).index.values
```

如下这行代码给出一个整数数组，其包含 StockCode：

```
array([3527, 3506, 1347, 2730, 180])
```

现在使用这个数组，推荐物品给所有用户。重复 top 数组的次数与验证集中的交易次数一样，然后将其作为推荐，并计算准确率来评价推荐质量。

使用 numpy 中的 tile 函数进行重复：

```
num_groups = len(df_val.invoiceno.drop_duplicates())
baseline = np.tile(top, num_groups).reshape(-1, 5)
```

tile 函数的输入是一个数组并重复 num_groups 次。重复之后，最终数组如下：

```
array([[3527, 3506, 1347, 2730, 180],
       [3527, 3506, 1347, 2730, 180],
       [3527, 3506, 1347, 2730, 180],
       ...,
       [3527, 3506, 1347, 2730, 180],
       [3527, 3506, 1347, 2730, 180],
       [3527, 3506, 1347, 2730, 180]])
```

接下来我们要计算推荐的准确率。

还有一个复杂问题：物品存储的方式使得每组正确分类物品的个数难以计算。使用 pandas 的 groupby 函数可以解决这个问题：

- 按照 invoiceno（即交易 ID）分组；
- 为每一次交易做推荐；
- 记录每组中正确预测的数量；
- 计算整体准确率。

但是，这个方法效率较低且运行速度很慢。虽然该方法在这个项目中可用，但是针对稍大的数据集时，就有问题了。

运行速度慢是由 pandas 中 groupby 函数的实现方式所导致的。该函数在内部执行排序，而我们并不需要这个功能。但是，我们可以通过改变数据排序的方式来提升速度。数据框中的元素都是按顺序存储的，也就是说，如果一次交易从某一行 i 开始，那么会在第 $i+k$ 行结束，其中 k 是本次交易中的物品数量。换句话说，第 i 行和第 $i+k$ 行之间的所有行属于同一个 invoiceno。

因此我们需要知道每一次交易开始和结束的信息。为此，我们创建一个长度为 $n+1$ 的数组，其中 n 是数据集中的组数（交易数）。

设这个数组为 indptr，对于每一次交易 t：

- indptr[t] 返回数据框中交易开始的行号；
- indptr[t + 1] 返回交易结束的行号。

用这种方法来表示不同长度的组，是受到**行压缩存储**（Compressed Sparse Row，CSR）算法的启发——该算法用于表示存储中的稀疏矩阵。你可以从 Netlib 官方文档中获取更多关于 CSR 算法的信息，也可以从 SciPy 中看到它，它是 scipy.sparse 软件包中表示矩阵的一种方法。

在 Python 中创建这样的数组并不难，只需要知道当前交易在哪里结束，以及下一次交易从哪里开始。所以在每一个行索引处，我们可以比较当前索引和上一个索引，如果二者不同，则记录这个索引。这一步骤可以使用 pandas 中的 shift 方法实现：

```python
def group_indptr(df):
    indptr = np.where(df.invoiceno != df.invoiceno.shift())
    indptr = np.append(indptr, len(df)).astype('int32')
    return indptr
```

获取验证集的指针数组：

```python
val_indptr = group_indptr(df_val)
```

定义 precision 函数：

```python
from numba import njit

@njit
def precision(group_indptr, true_items, predicted_items):
    tp = 0

    n, m = predicted_items.shape

    for i in range(n):
        group_start = group_indptr[i]
        group_end = group_indptr[i + 1]
        group_true_items = true_items[group_start:group_end]

        for item in group_true_items:
            for j in range(m):
                if item == predicted_items[i, j]:
                    tp = tp + 1
                    continue

    return tp / (n * m)
```

该函数的逻辑很直接：对于每一次交易，检查并记录正确预测的物品总数。正确预测的物品总数存储在 tp。最后，用 tp 除以预测总量，即预测矩阵的大小，在本例中也就是交易次数乘以 5。

注意，numba 中的@njit 装饰器告诉 numba 应该优化代码。第一次调用这个函数时，numba 会分析代码并使用**即时**（Just-In-Time，JIT）编译器把函数编译成本地机器代码。函数编译好后，它的运行速度会比用 C 语言编写的代码快几个数量级。

 numba 的@jit 和@njit 装饰器提供了一种非常简单的提升代码速度的方法。通常，只需对函数使用@jit 装饰器，就可以看到明显的速度提升。如果函数的运算时间较长，numba 是一个提高性能的好方法。

现在让我们检查基准的精度：

```
val_items = df_val.stockcode.values
precision(val_indptr, val_items, baseline)
```

运行结果为 0.064。也就是说，系统对于 6.4%的情况做出了正确推荐。这意味着用户只在 6.4%的情况下购买了推荐物品。

我们已初步查看了数据并建立了一个简单的基准，接下来我们继续学习更复杂的技术，即矩阵分解。

9.2.2 矩阵分解

2006 年，DVD 租赁公司 Netflix 举办了著名的 Netflix 竞赛，旨在改进其推荐系统。为此，该公司公开了大量的电影评分数据。这次竞赛非常令人瞩目，主要表现在以下几方面：首先，奖金高达 100 万美元，这也是该竞赛出名的主要原因；其次，由于奖金和数据集的诱惑，许多研究人员在竞赛中花费了不少精力，这也推动了推荐系统的前沿研究。

Netflix 竞赛充分证明了基于矩阵分解的推荐系统很强大，并且可以扩展到大规模的训练集上，同时其实现和部署也并不困难。

Koren 等人的论文 *Matrix Factorization Techniques for Recommender Systems*（发布于 2009 年）很好地总结了一些矩阵分解的关键发现。

假设我们有用户 u 对电影 i 观察到的评分 r_{ui}，可以通过下列方式对预测的评分 $\hat{r}_{ui}$ 建模：

$$\hat{r}_{ui} = \mu + b_i + b_u + \boldsymbol{q}_i^{\mathrm{T}} \boldsymbol{p}_u$$

我们将评分分解为 4 个因素：

- μ 是全局偏置；
- b_i 是物品（Netflix 竞赛中的电影）i 的偏置；
- b_u 是用户 u 的偏置；
- $\boldsymbol{q}_i^{\mathrm{T}} \boldsymbol{p}_u$ 是用户向量 $\boldsymbol{q}_i$ 和物品向量 $\boldsymbol{p}_u$ 的内积。

其中最后一个因素（用户向量和物品向量的内积）被称为矩阵分解。

如果将所有用户向量 q_i 放在矩阵 U 的每一行中，那么会得到一个 $n_i \times k$ 的矩阵，其中 n_i 是用户数量，k 是向量的维数。类似地，将物品向量 p_u 放在矩阵 I 的每一行中，将得到一个 $n_u \times k$ 的矩阵，其中 n_u 是物品数量，k 还是向量的维数。维数 k 是模型的参数，用于控制信息压缩的量，其值越小，原始评分矩阵中保留的信息就越少。

最后，我们将所有已知的评分放在一个 $n_i \times n_u$ 大小的矩阵 R。这个矩阵可以分解为：

$$R \approx U^\mathrm{T} I$$

不考虑偏置部分，这正是之前的公式中计算 $\hat{r}_{ui}$ 的结果。

为了使预测的评分 $\hat{r}_{ui}$ 与观察到的评分 r_{ui} 尽可能接近，我们需要最小化二者之间的误差平方和。因此，训练目标函数如下：

$$\text{minimize} \sum_{ui} (r_{ui} - \hat{r}_{ui})^2 + \lambda(\| p_u \|^2 + \| q_i \|^2)$$

这种分解评分矩阵的方法有时也被称为 **SVD**，因为这种方法受到了经典 SVD 方法的启发，还可以优化误差平方和。但是，经典 SVD 方法容易在训练集上过拟合，这就是我们在目标函数上加上一个正则项的原因。

定义好要优化的问题后，Koren 等人的论文给出了两种解决方法：SGD **和交替最小二乘法**（Alternating Least Squares，ALS）。

我们将在后文中介绍使用 TensorFlow 实现 SGD 方法，然后将其与 implicit 库中的 ALS 方法的结果进行比较。

本项目的数据集与 Netflix 竞赛的数据集不同。这很关键，因为我们不知道用户不喜欢什么，而只能观察到用户喜欢什么。这也是我们需要继续讨论如何解决此类问题的原因。

9.2.3 隐式反馈数据集

在 Netflix 竞赛的例子中，数据依赖于用户给出的明确反馈。用户登录网站时，以 1～5 分的形式明确表达他们对电影的喜欢程度。

事实上，让用户做到这些很难。然而，仅仅通过访问网站并与之交互，用户就已经"输入"了大量的有用信息，足够我们用来判断用户的兴趣所在。所有的单击操作、网页访问记录和历史购买记录可以间接反映用户的偏好。这类数据被称为**隐式**（implicit）数据，也就是说，用户不会直接表达他们的喜好，而是会通过系统间接地传递信息。通过收集这些信息，我们获得了隐式反馈数据集。

本项目中使用的线上零售数据集就是隐式反馈数据集。这类数据集告诉我们用户之前买过什么，但是不会告诉我们用户不喜欢什么。我们不知道用户之所以没有购买某件物品，是因为不喜欢它，还是因为不知道某件物品的存在。

　　幸运的是，只需稍加修改，我们依然可以在隐式反馈数据集上使用矩阵分解。与显式评分不同的是，本项目的矩阵只存储 0 和 1 的值，用来记录用户是否和物品有交互。另外，也可以对 0 和 1 的值表达一定的置信度，这通常可以通过统计用户与物品交互的次数来实现。交互的次数越多，置信度越高。

　　所以，在这个项目中，用户购买过的物品在矩阵中对应 1，其他的位置都是 0。于是，这就变成了一个二分类问题。我们将在 TensorFlow 中实现一个基于 SGD 的模型来学习用户-物品矩阵。

　　我们先来建立另一个基准——它比之前的基准强大。我们将使用 implicit 库，以便使用 ALS。

 Hu 等人在发表于 2008 年的论文 *Collaborative Filtering for Implicit Feedback Datasets* 中介绍了 ALS 在隐式反馈数据集中的使用。在本章中，我们不会关注 ALS。如果你想了解 ALS 在 implicit 库中实现的方式，可以仔细阅读这篇论文。

　　首先，按照 implicit 库期望的格式准备数据，因此需要构建用户-物品矩阵 X。我们将用户和物品都转换为相应的 ID，以便把每一个用户都映射到矩阵 X 的一行，每一个物品都映射到矩阵 X 的一列。

　　我们已经把物品 ID（stockcode 列）转换为整数，也要对用户 ID（customerid 列）进行同样的操作：

```
df_train_user = df_train[df_train.customerid != -1].reset_index(drop=True)

customers = sorted(set(df_train_user.customerid))
customers = {c: i for (i, c) in enumerate(customers)}

df_train_user.customerid = df_train_user.customerid.map(customers)
```

注意，在第一行代码中，我们执行过滤并只保留已知用户——这些用户会在后面的模型训练中用到。然后，对验证集中的用户也应用同样的过程：

```
df_val.customerid = df_val.customerid.apply(lambda c: customers.get(c, -1))
```

接着，使用整数编码构建矩阵 X：

```
uid = df_train_user.customerid.values.astype('int32')
iid = df_train_user.stockcode.values.astype('int32')
ones = np.ones_like(uid, dtype='uint8')

X_train = sp.csr_matrix((ones, (uid, iid)))
```

　　sp.csr_matrix 是 scipy.sparse 软件包中的函数,该函数以行和列的索引以及每一个索引对的相应值作为输入,构建一个 CSR 格式的矩阵。

> 使用稀疏矩阵是减少矩阵的存储空间消耗的一种有效方法。在推荐系统中,有许多用户和物品。构建矩阵时,把所有与用户没有交互的物品设置为 0。保存所有 0 值是很浪费存储空间的,所以稀疏矩阵只给非零数据提供了存储空间。

　　使用 implicit 库分解矩阵 **X** 并学习用户和物品向量:

```
from implicit.als import AlternatingLeastSquares

item_user = X_train.T.tocsr()
als = AlternatingLeastSquares(factors=128, regularization=0.000001)
als.fit(item_user)
```

　　要使用 ALS,需要使用 AlternatingLeastSquares 类,该类包含两个参数:
- factors——用户和物品向量的维数,即之前的 k;
- regularization——L2 正则化参数,以避免过拟合。

　　然后调用 fit 函数来学习向量。一旦训练结束,这些向量很容易被获取:

```
als_U = als.user_factors
als_I = als.item_factors
```

　　得到 **U** 和 **I** 矩阵后,我们只需计算每个矩阵行之间的内积,就可以向用户进行推荐了。

　　矩阵分解方法有一个问题:它不适用于新用户。要解决这个问题,只需要把这个方法和基准方法结合在一起,即用基准方法给新用户和未知用户做推荐,用矩阵分解方法给已知用户做推荐。

　　因此,首先选取验证集中已知用户的 ID:

```
uid_val = df_val.drop_duplicates(subset='invoiceno').customerid.values
known_mask = uid_val != -1
uid_val = uid_val[known_mask]
```

　　我们只会对这些用户做推荐。接下来,复制基准方法,并将已知用户的预测值替换为 ALS 中的值:

```
imp_baseline = baseline.copy()

pred_all = als_U[uid_val].dot(als_I.T)
top_val = (-pred_all).argsort(axis=1)[:, :5]
```

```
imp_baseline[known_mask] = top_val

prevision(val_indptr, val_items, imp_baseline)
```

先获取验证集中每个用户 ID 的向量，然后将其乘以所有的物品向量。对于每一个用户，选取分数最高的 5 个物品。

输出结果是 13.9%，这个结果比之前基准结果 6.4% 好了不少。同时，这个结果应该很难超越了，但是我们还是愿意尝试一下。

9.2.4　基于 SGD 的矩阵分解

我们将在 TensorFlow 中实现矩阵分解模型，看看是否可以改进基于 implicit 库的基准。在 TensorFlow 中实现 ALS 并不容易，因为它更适合基于梯度的方法，例如 SGD。这也是把 ALS 作为单独实现的原因。

前文的公式如下：

$$\hat{r}_{ui} = \mu + b_i + b_u + q_i^\mathrm{T} p_u$$

回忆一下目标函数：

$$\text{minimize} \sum_{ui} (r_{ui} - \hat{r}_{ui})^2 + \lambda(\| p_u \|^2 + \| q_i \|^2)$$

注意，这个目标函数依然使用误差平方和，但已经不再适合二分类问题。使用 TensorFlow 时，这些都不重要，TensorFlow 可以很容易地调整优化损失。

我们将在模型中使用对数损失，因为它比误差平方和更适合二分类问题。

q 和 p 向量分别构成了 U 和 I 矩阵，因此我们需要学习这两个矩阵——可以把完整的 U 和 I 矩阵存储为 tf.Variable，并使用嵌入层查找合适的 q 和 p 向量。

定义一个辅助函数用于声明嵌入层：

```
def embed(inputs, size, dim, name=None):
    std = np.sqrt(2 / dim)
    emb = tf.Variable(tf.random_uniform([size, dim], -std, std), name=name)
    lookup = tf.nn.embedding_lookup(emb, inputs)
    return lookup
```

这个函数创建了给定维度的矩阵，并使用随机数值初始化矩阵，最后使用查找层把用户或物品的索引转换为向量。

这个函数是模型的一部分：

```
# parameters of the model
num_users = uid.max() + 1
num_items = iid.max() + 1
```

```
num_factors = 128
lambda_user = 0.0000001
lambda_item = 0.0000001
K = 5
lr = 0.005

graph = tf.Graph()
graph.seed = 1

with graph.as_default():
    # this is the input to the model
    place_user = tf.placeholder(tf.int32, shape=(None, 1))
    place_item = tf.placeholder(tf.int32, shape=(None, 1))
    place_y = tf.placeholder(tf.float32, shape=(None, 1))

    # user features
    user_factors = embed(place_user, num_users, num_factors,
        "user_factors")
    user_bias = embed(place_user, num_users, 1, "user_bias")
    user_bias = tf.reshape(user_bias, [-1, 1])

    # item features
    item_factors = embed(place_item, num_items, num_factors,
        "item_factors")
    item_bias = embed(place_item, num_items, 1, "item_bias")
    item_bias = tf.reshape(item_bias, [-1, 1])

    global_bias = tf.Variable(0.0, name='global_bias')

    # prediction is dot product followed by a sigmoid
    pred = tf.reduce_sum(user_factors * item_factors, axis=2)
    pred = tf.sigmoid(global_bias + user_bias + item_bias + pred)

    reg = lambda_user * tf.reduce_sum(user_factors * user_factors) + \
        lambda_item * tf.reduce_sum(item_factors * item_factors)

    # we have a classification model, so minimize logloss
    loss = tf.losses.log_loss(place_y, pred)
    loss_total = loss + reg

    opt = tf.train.AdamOptimizer(learning_rate=lr)
    step = opt.minimize(loss_total)

    init = tf.global_variables_initializer()
```

这个模型有 3 个输入：

- `place_user`——用户 ID；
- `place_item`——物品 ID；
- `place_y`——每个用户-物品对的标签。

然后做如下定义：

- `user_factors`——用户矩阵 U；
- `user_bias`——每个用户的偏置 b_u；
- `item_factors`——物品矩阵 I；
- `item_bias`——每个物品的偏置 b_i；
- `global_bias`——全局偏置 μ。

将所有偏置相加，再加上用户和物品向量之间的内积，这就是预测结果。我们可以将其传递给 sigmoid 函数，得到相应的概率。

最后，定义目标函数用于计算所有数据损失与正则化损失的和，并使用 Adam 算法将目标函数最小化。模型有以下参数。

- `num_users` 和 `num_items`：用户、物品数，分别代表了 U 和 I 矩阵的行数。
- `num_factors`：用户和物品潜在特征的数量，代表了 U 和 I 矩阵的列数。
- `lambda_user` 和 `lambda_item`：正则化参数。
- `lr`：优化器的学习率。
- `K`：对于每个正样本，要采样的负样本的数量。

现在我们开始训练模型。首先需要把输入分成几个批次，为此创建一个辅助函数：

```
def prepare_batches(seq, step):
    n = len(seq)
    res = []
    for i in range(0, n, step):
        res.append(seq[i:i+step])
    return res
```

这个函数会把一个数组变成给定大小的数组列表。

回想一下，数据集是基于隐式反馈的，其中正样本的例子（真实发生交互的次数）比负样本的例子（没有发生交互的次数）少。我们应该怎么办？方法很简单：使用**负采样**（**negative sampling**）。其原理是只采样小部分负样本数据。典型的做法是：对于每一个正样本数据，我们都采集 K 个负样本，K 是可调节的参数。这正是我们将要做的。

使用如下代码训练模型：

```
session = tf.Session(config=None, graph=graph)
session.run(init)
```

```python
np.random.seed(0)

for i in range(10):
    train_idx_shuffle = np.arange(uid.shape[0])
    np.random.shuffle(train_idx_shuffle)
    batches = prepare_batches(train_idx_shuffle, 5000)

    progress = tqdm(total=len(batches))
    for idx in batches:
        pos_samples = len(idx)
        neg_samples = pos_samples * K

        label = np.concatenate([
                    np.ones(pos_samples, dtype='float32'),
                    np.zeros(neg_samples, dtype='float32')
                ]).reshape(-1, 1)

        # negative sampling
        neg_users = np.random.randint(low=0, high=num_users,
                                      size=neg_samples, dtype='int32')
        neg_items = np.random.randint(low=0, high=num_items,
                                      size=neg_samples, dtype='int32')

        batch_uid = np.concatenate([uid[idx], neg_users]).reshape(-1, 1)
        batch_iid = np.concatenate([iid[idx], neg_items]).reshape(-1, 1)

        feed_dict = {
            place_user: batch_uid,
            place_item: batch_iid,
            place_y: label,
        }
        _, l = session.run([step, loss], feed_dict)
        progress.update(1)
        progress.set_description('%.3f' % l)
    progress.close()

    val_precision = calculate_validation_precision(graph, session, uid_val)
    print('epoch %02d: precision: %.3f' % (i+1, val_precision))
```

模型训练 10 轮，每一轮都随机重洗数据，并划分每 5000 个正样本为一个批次。对于每一批，生成 K（本例中 K=5）×5000 个负样本，并把正、负样本放在一个数组中。最后，运行模型，使用 tqdm 监控每一轮的训练损失。tqdm 提供了非常优秀的监控训练过程的方法。

使用 Jupyter Notebook 的 `tqdm` 的输出如图 9-2 所示。

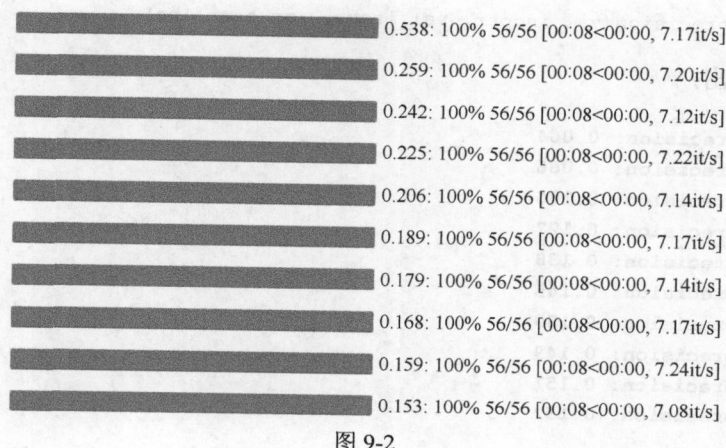

图 9-2

每一轮训练结束时，我们计算准确率以监控模型在给定的推荐场景上的表现。`calculate_validation_precision` 函数可以实现这个功能，其实现方式与之前使用 `implicit` 所做的类似：

● 提取矩阵和偏置；
● 根据公式计算出每一个用户-物品对的得分；
● 根据得分进行排序，取得分最高的 5 个物品来推荐。

在这里，我们不需要全局偏置和用户偏置，因为添加它们也不会改变每个用户对应的物品排序。这个函数的实现如下：

```
def get_variable(graph, session, name):
    v = graph.get_operation_by_name(name)
    v = v.values()[0]
    v = v.eval(session=session)
    return v

def calculate_validation_precision(graph, session, uid):
    U = get_variable(graph, session, 'user_factors')
    I = get_variable(graph, session, 'item_factors')
    bi = get_variable(graph, session, 'item_bias').reshape(-1)

    pred_all = U[uid_val].dot(I.T) + bi
    top_val = (-pred_all).argsort(axis=1)[:, :5]

    imp_baseline = baseline.copy()
```

```
imp_baseline[known_mask] = top_val

return precision(val_indptr, val_items, imp_baseline)
```

得到如下输出：

```
epoch 01: precision: 0.064
epoch 02: precision: 0.086
epoch 03: precision: 0.106
epoch 04: precision: 0.127
epoch 05: precision: 0.138
epoch 06: precision: 0.145
epoch 07: precision: 0.150
epoch 08: precision: 0.149
epoch 09: precision: 0.151
epoch 10: precision: 0.152
```

经过 6 轮训练，模型的准确率就超过了之前基准的准确率；而在 10 轮之后，模型的准确率达到了 15.2%。

矩阵分解技术通常可以为推荐系统提供强大的基准。通过简单的调整，同样的技术还可以产生更好的结果。即使不用优化二分类问题的损失函数，还可以使用其他为排序问题设计的损失函数。接下来我们介绍这一类损失函数，并介绍如何做出相应的调整。

9.2.5　贝叶斯个性化排序

我们可以使用矩阵分解的方法来为每个用户做个性化的物品排序。为了解决这个问题，我们使用了一个二分类问题的优化标准，即对数损失函数。这个函数效果不错，通过对它进行优化可以产生很好的排序模型。那么，如果我们可以使用专门为训练排序模型而设计的损失函数，又会怎样呢？

我们当然可以用一个目标函数来直接优化排序。2012 年，Rendle 等人在其论文 *BPR: Bayesian Personalized Ranking from Implicit Feedback* 中提出了一个优化标准，并称之为 **BPR-Opt**，即贝叶斯个性化排序。

以前，我们会把每个物品分开处理。也就是说，我们试图预测每个物品的分数，或物品 i 有多大概率会吸引到用户 u。这样的排序模型通常叫作"点排序"，它们使用传统的监督式学习方法（例如回归或者分类）来学习分数，然后根据分数对物品进行排序，这正是我们在前文所做的。

BPR-Opt 则不同，它关注物品对。如果我们知道用户 u 已经买了物品 i，但是从来没有买过物品 j，那么 u 很有可能对 i 更感兴趣。所以当我们训练模型时，$\hat{x}_{ui}$（i 的分数）应该比 $\hat{x}_{uj}$（j 的分数）要高。换句话说，评分模型应该满足 $\hat{x}_{ui} - \hat{x}_{uj} > 0$。

因此，训练相应模型需要一个三元组：(用户,正样本,负样本)。对于这个三元组(u, i, j)，我们将基于物品对的分数差异定义为：

$$\hat{x}_{uij} = \hat{x}_{ui} - \hat{x}_{uj}$$

其中，$\hat{x}_{ui}$ 和 $\hat{x}_{uj}$ 分别是(u, i)和(u, j)的分数。

在训练过程中，调整模型的参数，使得物品 i 最终要比物品 j 的排序靠前。这可以通过优化下列目标（损失）损失函数来实现：

$$\text{minimize} - \sum \ln \sigma(\hat{x}_{uij}) + \lambda \parallel W \parallel^2$$

其中，$\hat{x}_{uij}$ 是物品对分数差异，σ是 sigmoid 函数，W 是模型的所有参数。

对之前的代码稍加修改就可以优化这个损失函数。计算(u, i)和(u, j)分数的方法是一样的：使用偏置和用户与物品向量之间的内积；然后计算分数之间的差异并将该差异输入新的目标函数。

实现上的差别也并不大：

- 对于 BPR-Opt，不使用 place_y，而是使用 place_item_pos 和 place_item_neg 来表示正样本和负样本；
- 不再需要用户偏置和全局偏置，因为计算差异的时候，这些偏置会互相抵消，而且它们对于排序并不重要。我们之前在计算验证集上的预测时也注意到了这个事实。

实现中的其他细微差别是：现在有两个物品输入，它们共用嵌入层，所以需要以稍微不同的方式定义和创建嵌入层。因此，我们修改 embed 辅助函数，并将变量的创建和查找层分离：

```python
def init_variable(size, dim, name=None):
    std = np.sqrt(2 / dim)
    return tf.Variable(tf.random_uniform([size, dim], -std, std),
name=name)


def embed(inputs, size, dim, name=None):
    emb = init_variable(size, dim, name)
    return tf.nn.embedding_lookup(emb, inputs)
```

最终的代码如下：

```python
num_factors = 128
lambda_user = 0.0000001
lambda_item = 0.0000001
lambda_bias = 0.0000001
lr = 0.0005

graph = tf.Graph()
```

```
graph.seed = 1

with graph.as_default():
    place_user = tf.placeholder(tf.int32, shape=(None, 1))
    place_item_pos = tf.placeholder(tf.int32, shape=(None, 1))
    place_item_neg = tf.placeholder(tf.int32, shape=(None, 1))
    # no place_y

    user_factors = embed(place_user, num_users, num_factors,
        "user_factors")
    # no user bias anymore as well as no global bias
    item_factors = init_variable(num_items, num_factors,
        "item_factors")
    item_factors_pos = tf.nn.embedding_lookup(item_factors, place_item_pos)
    item_factors_neg = tf.nn.embedding_lookup(item_factors, place_item_neg)

    item_bias = init_variable(num_items, 1, "item_bias")
    item_bias_pos = tf.nn.embedding_lookup(item_bias, place_item_pos)
    item_bias_pos = tf.reshape(item_bias_pos, [-1, 1])
    item_bias_neg = tf.nn.embedding_lookup(item_bias, place_item_neg)
    item_bias_neg = tf.reshape(item_bias_neg, [-1, 1])

    # predictions for each item are same as previously
    # but no user bias and global bias
    pred_pos = item_bias_pos + \
        tf.reduce_sum(user_factors * item_factors_pos, axis=2)
    pred_neg = item_bias_neg + \
        tf.reduce_sum(user_factors * item_factors_neg, axis=2)

    pred_diff = pred_pos-pred_neg

    loss_bpr =-tf.reduce_mean(tf.log(tf.sigmoid(pred_diff)))
    loss_reg = lambda_user * tf.reduce_sum(user_factors * user_factors)+\
        lambda_item * tf.reduce_sum(item_factors_pos * item_factors_pos)+\
        lambda_item * tf.reduce_sum(item_factors_neg * item_factors_neg)+\
        lambda_bias * tf.reduce_sum(item_bias_pos)+\
        lambda_bias * tf.reduce_sum(item_bias_neg)

    loss_total = loss_bpr + loss_reg

    opt = tf.train.AdamOptimizer(learning_rate=lr)
    step = opt.minimize(loss_total)

    init = tf.global_variables_initializer()
```

该模型的采样方法也有些许不同。BPR-Opt 的提出者建议使用 Bootstrap 采样，而不是常规的全体数据采样。也就是在训练中的每一步，我们在训练集中均匀采样三元组(用户,正样本,负样本)。

幸运的是，这个采样方法要比全体数据采样更容易实现：

```
session = tf.Session(config=None, graph=graph)
session.run(init)

size_total = uid.shape[0]
size_sample = 15000

np.random.seed(0)

for i in range(75):
    for k in range(30):
        idx = np.random.randint(low=0, high=size_total, size=size_sample)

        batch_uid = uid[idx].reshape(-1, 1)
        batch_iid_pos = iid[idx].reshape(-1, 1)
        batch_iid_neg = np.random.randint(
            low=0, high=num_items, size=(size_sample, 1), dtype='int32')

        feed_dict = {
            place_user: batch_uid,
            place_item_pos: batch_iid_pos,
            place_item_neg: batch_iid_neg,
        }
        _, l = session.run([step, loss_bpr], feed_dict)

    val_precision = calculate_validation_precision(graph, session, uid_val)
    print('epoch %02d: precision: %.3f' % (i+1, val_precision))
```

经过 70 次迭代后，算法可以达到大约 15.4%的准确率。这和之前模型的准确率（15.2%）相比，效果并不明显。但是这种方法确实提出了一种直接优化排序的可能。更重要的是，我们证明了在已有方法上进行调整是多么容易，这样就可以优化物品对的目标函数，而不是优化点排序损失函数。

接下来，我们介绍用 RNN 对用户行为作为序列建模的方法，并将其应用于推荐系统。

9.3 面向推荐系统的 RNN

RNN 是一种特殊的用于序列建模的神经网络，有许多很成功的应用，其中之一就是序列生成。在论文 *The Unreasonable Effectiveness of Recurrent Neural Networks* 中，Andrej

Karpathy 介绍了许多例子，其中 RNN 生成的结果令人印象深刻，包括生成莎士比亚风格的句子、维基百科文章、XML、LaTeX 甚至 C 代码。

　　RNN 已被证明在一些领域中应用得很成功，那么有一个问题是：是否可以将 RNN 应用到其他领域中呢？例如，应用到推荐系统中。这是循环神经网络的作者在 *Based Subreddit Recommender System* 中提出的问题。答案是肯定的，RNN 当然可以。

　　在本节中，我们也将尝试回答这个问题。我们会考虑一个与之前不一样的推荐场景：

- 用户访问网站；
- 我们给出 5 个推荐物品；
- 每次购买完成后，我们会更新推荐列表。

　　这个推荐场景需要一种不同的方法来评估结果。每一次用户完成购买后，系统可以检查其购买的物品是否在之前的推荐列表中。如果在的话，就可以认为推荐是成功的，所以可以计算完成了多少次成功的推荐。这种评估结果的方法叫作 Top-5 准确率，通常用在评估包含大量目标类别的分类模型上。

　　RNN 最初是用在语言模型上的，即给定一个句子预测下一个最有可能出现的单词。当然，在 TensorFlow 模型仓库（在 tutorials/rnn/ptb/文件夹下）中已经有了这样的语言模型的实现。本章中的一些代码示例受到了这个语言模型的很大启发。

9.3.1　数据集准备和基准

　　和前文一样，我们使用整数表示物品和用户，但是这一次需要为未知用户设置特殊的占位符。另外，我们需要一个特殊的占位符来表示每次交易开始的"无物品"状态，但是现在需要保证 0 索引可以预留给专门的用途。代码如下：

　　之前使用的是字典，这里我们使用特殊的类 LabelEncoder：

```
class LabelEncoder:
    def fit(self, seq):
        self.vocab = sorted(set(seq))
        self.idx = {c: i + 1 for i, c in enumerate(self.vocab)}

    def transform(self, seq):
        n = len(seq)
        result = np.zeros(n, dtype='int32')

        for i in range(n):
            result[i] = self.idx.get(seq[i], 0)

        return result

    def fit_transform(self, seq):
```

```
        self.fit(seq)
        return self.transform(seq)

    def vocab_size(self):
        return len(self.vocab) + 1
```

这个类的实现不难理解，大部分是之前代码的重复。但是，这里我们把重复的代码封装在一个类中，并且把 0 索引预留给了专门的用途。例如，用于训练集中的缺失数据。

使用以下编码器把物品转换为整数：

```
item_enc = LabelEncoder()
df.stockcode = item_enc.fit_transform(df.stockcode.astype('str'))
df.stockcode = df.stockcode.astype('int32')
```

然后，将数据集分成训练集、验证集和测试集：前 10 个月的数据用于训练，中间 1 个月的数据用于验证，最后 1 个月的数据用于测试。

接着，对用户 ID 进行编码：

```
user_enc = LabelEncoder()
user_enc.fit(df_train[df_train.customerid != -1].customerid)

df_train.customerid = user_enc.transfrom(df_train.customerid)
df_val.customerid = user_enc.transfrom(df_val.customerid)
```

和之前一样，我们使用购买次数最多的物品作为基准，然而这次的场景不太一样，需要稍微调整一下基准。具体来说，如果用户购买了其中一个推荐的物品，就把它移出推荐列表。实现方法如下：

```
from collections import Counter

top_train = Counter(df_train.stockcode)

def baseline(uid, indptr, items, top, k=5):
    n_groups = len(uid)
    n_items = len(items)

    pred_all = np.zeros((n_items, k), dtype=np.int32)

    for g in range(n_groups):
        t = top.copy()

        start = indptr[g]
        end = indptr[g+1]
```

```
        for i in range(start, end):
            pred = [k for (k, c) in t.most_common(5)]
            pred_all[i] = pred

            actual = items[i]
            if actual in t:
                del t[actual]

    return pred_all
```

在上述代码中，indptr 是指针数组，与我们之前用于实现 precision 函数中的指针数组一样。

此函数可以应用于验证集：

```
iid_val = df_val.stockcode.values
pred_baseline = baseline(uid_val, indptr_val, iid_val, top_train, k=5)
```

基准如下：

```
array([[3528, 3507, 1348, 2731, 181],
       [3528, 3507, 1348, 2731, 181],
       [3528, 3507, 1348, 2731, 181],
       ...,
       [1348, 2731, 181, 454, 1314],
       [1348, 2731, 181, 454, 1314],
       [1348, 2731, 181, 454, 1314]], dtype=int32)
```

现在，实现 Top-k 准确率评估。再次使用 numba 中的 @njit 装饰器来加速函数：

```
@njit
def accuracy_k(y_true, y_pred):
    n, k = y_pred.shape

    acc = 0
    for i in range(n):
        for j in range(k):
            if y_pred[i, j] == y_true[i]:
                acc = acc + 1
                break

    return acc / n
```

要评估基准的性能，只需使用真实标签和预测调用：

```
accuracy_k(iid_val, pred_baseline)
```

结果是 0.012。也就是说，只在 1.2%的情况下做出了成功的推荐。看起来，提升的空间还很大！

接下来让我们把物品数组通过不同的交易区分开。再次使用指针数组，它可以返回每次交易开始和结束的位置：

```
def pack_items(users, items_indptr, items_vals):
    n = len(items_indptr)-1

    result = []
    for i in range(n):
        start = items_indptr[i]
        end = items_indptr[i+1]
        result.append(items_vals[start:end])

    return result
```

分解交易信息，并放在不同的数据框中。

```
train_items = pack_items(indptr_train, indptr_train, df_train.stockcode.values)

df_train_wrap = pd.DataFrame()
df_train_wrap['customerid'] = uid_train
df_train_wrap['items'] = train_items
```

使用 head 函数查看最终结果：

```
df_train_wrap.head()
```

结果如表 9-2 所示。

表 9-2

	customerid	items
0	3439	[3528, 2792, 3041, 2982, 2981, 1662, 800]
1	3439	[1547, 1546]
2	459	[3301, 1655, 1658, 1659, 1247, 3368, 1537, 153…]
3	459	[1862, 1816, 1815, 1817]
4	459	[818]

这些序列长度不同，这对 RNN 来说是一个问题。所以需要将所有序列转换成固定长度的序列，这样就可以方便地将序列输入模型中。

对于初始序列太短的情形，需要用 0 补全。如果序列太长，需要将其分成多个序列。

最后，还需要一个状态，表示用户来到网站但是什么都没有买。我们可以插入一个索引为

0 的虚拟物品，也就是之前为专门用途保留的值，还可以使用虚拟物品补全太短的序列。

我们还需要准备 RNN 的标签。假设有以下序列 S：

$$S = [e_1, e_2, e_3, e_4, e_5]$$

我们希望产生一个固定长度为 5 的序列，使用之前的补全策略，用于训练的序列 X 会有以下形式：

$$X = [0, e_1, e_2, e_3, e_4]$$

这里给原始序列的开头补上一个 0，这样最后一个元素就被"挤出"。最后一个元素应该只存放在目标序列中，所以目标序列（预测结果）应该有以下形式：

$$Y = [e_1, e_2, e_3, e_4, e_5]$$

第一眼看上去有些奇怪，但是背后的思想很简单。我们希望用这种方式构建序列，保证 X 和 Y 中的位置 i 包含要预测的元素。对于前面的示例，我们要学习以下规则。

- $0 \rightarrow e_1$：二者都位于 X 和 Y 的 0 位置。
- $e_1 \rightarrow e_2$：二者都位于 X 和 Y 的 1 位置。

……

假设有一个长度为 2 的序列，需要补全其长度为 5：

$$S = [e_1, e_2]$$

我们再次在输入序列的开头加上 0，同时也在末尾用 0 补全：

$$X = [0, e_1, e_2, 0, 0]$$

类似地，转换目标序列 Y：

$$Y = [e_1, e_2, 0, 0, 0]$$

如果输入太长，比如：

$$[e_1, e_2, e_3, e_4, e_5, e_6, e_7]$$

我们可以把它分成几个序列：

$$X = \begin{cases} [0, e_1, e_2, e_3, e_4] \\ [e_1, e_2, e_3, e_4, e_5] \\ [e_2, e_3, e_4, e_5, e_6] \end{cases}, \quad Y = \begin{cases} [e_1, e_2, e_3, e_4, e_5] \\ [e_2, e_3, e_4, e_5, e_6] \\ [e_3, e_4, e_5, e_6, e_7] \end{cases}$$

为了实现上述转换，我们编写函数 `pad_seq`，用于在序列开始的位置和结束的位置补全所需的 0，然后在另一个函数 `prepare_train_data`（该函数将为每个序列创建 X 和 Y 矩阵）中调用这个函数。代码如下：

```
def pad_seq(data, num_steps):
    data = np.pad(data, pad_width=(1, 0), mode='constant')
```

```
        n = len(data)

    if n <= num_steps:
        pad_right = num_steps-n + 1
        data = np.pad(data, pad_width=(0, pad_right), mode='constant')

    return data

def prepare_train_data(data, num_steps):
    data = pad_seq(data, num_steps)

    X = []
    Y = []

    for i in range(num_steps, len(data)):
        start = i-num_steps
        X.append(data[start:i])
        Y.append(data[start+1:i+1])

    return X, Y
```

剩下的工作就是在训练过程中为每个序列调用函数 `prepare_training_data`，并把结果放在 `X_train` 和 `Y_train` 中：

```
train_items = df_train_wrap['items']

X_train = []
Y_train = []

for i in range(len(train_items)):
    X, Y = prepare_train_data(train_items[i], 5)
    X_train.extend(X)
    Y_train.extend(Y)

X_train = np.array(X_train, dtype='int32')
Y_train = np.array(Y_train, dtype='int32')
```

至此，我们已经完成了数据准备，接下来用 TensorFlow 构建 RNN 模型，以处理这些数据。

9.3.2 用 TensorFlow 构建 RNN 模型

准备好数据后，我们可以使用生成的矩阵 `X_train` 和 `Y_train` 来训练模型。当然，我们需要先使用带有 LSTM 单元的循环神经网络创建模型。LSTM 单元要比一般的 RNN 单元效果好，因为 LSTM 单元可以更好地捕捉长期依赖关系。

如果你想了解 LSTM，可以参考一篇很棒的文章，即 Christopher Olah 的博客文章 *Understanding LSTM Networks*。本章不会介绍 LSTM 和 RNN 的工作原理，只会关注如何在 TensorFlow 中使用它们。

首先定义具体的配置信息类，用于保存重要的训练参数：

```
class Config:
    num_steps = 5

    num_items = item_enc.vocab_size()
    num_users = user_enc.vocab_size()

    init_scale = 0.1
    learning_rate = 1.0
    max_grad_norm = 5
    num_layers = 2
    hidden_size = 200
    embedding_size = 200
    batch_size = 20


config = Config()
```

Config 类定义了下列参数：

- num_steps——固定长度序列的大小；
- num_items——训练数据中物品的数量（物品为虚拟物品 0，数量将增加 1）；
- num_users——训练数据中用户的数量（用户为虚拟用户 0，数量将增加 1）；
- init_scale——初始化中权重参数的大小；
- learning_rate——更新权重的速率；
- max_grad_norm——梯度归一化的最大值，如果梯度超过这个值，将被截断；
- num_layers——网络中 LSTM 的层数；
- hidden_size——将 LSTM 的输出转换为输出概率的隐藏全连接层的大小；
- embedding_size——物品嵌入层的维度；
- batch_size——每次训练中输入模型的序列数量。

进一步完成模型的最终构建。首先定义两个有用的辅助函数，用以向模型添加 RNN 结构：

```
def lstm_cell(hidden_size, is_training):
    return rnn.BasicLSTMCell(hidden_size, forget_bias=0.0,
            state_is_tuple=True, reuse=not is_training)
```

```python
def rnn_model(inputs, hidden_size, num_layers, batch_size, num_steps,
              is_training):
    cells = [lstm_cell(hidden_size, is_training) for i in range(num_layers)]
    cell = rnn.MultiRNNCell(cells, state_is_tuple=True)

    initial_state = cell.zero_state(batch_size, tf.float32)
    inputs = tf.unstack(inputs, num=num_steps, axis=1)
    outputs, final_state = rnn.static_rnn(cell, inputs,
                                          initial_state=initial_state)
    output = tf.reshape(tf.concat(outputs, 1), [-1, hidden_size])

    return output, initial_state, final_state
```

可以使用 rnn_model 函数创建模型：

```python
def model(config, is_training):
    batch_size = config.batch_size
    num_steps = config.num_steps
    embedding_size = config.embedding_size
    hidden_size = config.hidden_size
    num_items = config.num_items

    place_x = tf.placeholder(shape=[batch_size, num_steps], dtype=tf.int32)
    place_y = tf.placeholder(shape=[batch_size, num_steps], dtype=tf.int32)

    embedding = tf.get_variable("items", [num_items, embedding_size],
                                dtype=tf.float32)
    inputs = tf.nn.embedding_lookup(embedding, place_x)

    output, initial_state, final_state = \
        rnn_model(inputs, hidden_size, config.num_layers, batch_size,
                  num_steps, is_training)
    W = tf.get_variable("W", [hidden_size, num_items], dtype=tf.float32)
    b = tf.get_variable("b", [num_items], dtype=tf.float32)
    logits = tf.nn.xw_plus_b(output, W, b)
    logits = tf.reshape(logits, [batch_size, num_steps, num_items])

    loss = tf.losses.sparse_softmax_cross_entropy(place_y, logits)
    total_loss = tf.reduce_mean(loss)

    tvars = tf.trainable_variables()
    gradient = tf.gradients(total_loss, tvars)
    clipped, _ = tf.clip_by_global_norm(gradient, config.max_grad_norm)
    optimizer = tf.train.GradientDescentOptimizer(config.learning_rate)

    global_step = tf.train.get_or_create_global_step()
```

```
train_op = optimizer.apply_gradients(zip(clipped, tvars),
                global_step=global_step)

out = {}
out['place_x'] = place_x
out['place_y'] = place_y
out['logits'] = logits
out['initial_state'] = initial_state
out['final_state'] = final_state

out['total_loss'] = total_loss
out['train_op'] = train_op

return out
```

这个模型包含许多模块，具体如下。

● 定义输入。和之前一样，ID 会通过嵌入层转化成向量。

● 添加 RNN 层以及全连接层。LSTM 层会学习购买行为的临时模式，并通过全连接层转化成全部物品上的概率分布。

● 因为模型要解决多分类问题，所以我们优化了分类交叉熵损失函数。

● LSTM 存在梯度爆炸的风险，所以我们用梯度裁剪来优化损失函数。

这个函数以字典形式返回所有重要的变量，使得我们可以在后面的训练和验证中方便地使用这些变量。

这次之所以创建函数，而不像以前那样定义全局变量，是为了能够在训练和测试阶段改变参数。在训练阶段，batch_size 和 num_steps 变量可以取任何值，它们实际上是可以调节的；相反，在测试阶段，这些参数只能取唯一可能的值 1。原因是用户在购买物品时，一次只能买一个，而不是多个，所以 num_steps 是 1。同样，batch_size 也是 1。

因此，创建两组配置信息。一组用于训练，另一组用于测试：

```
config = Config()
config_val = Config()
config_val.batch_size = 1
config_val.num_steps = 1
```

现在，给模型定义计算图。由于我们希望在训练阶段学习到参数，在测试阶段用不同的参数和模型进行预测，因此需要使学习到的参数可以共享。这些参数包括嵌入层、LSTM 以及全连接层的权重。为了让两个模型共享参数，我们在使用 name_scope 方法时设置 reuse=True：

```
graph = tf.Graph()
graph.seed = 1
```

```
with graph.as_default():
    initializer = tf.random_uniform_initializer(-config.init_scale,
                config.init_scale)

    with tf.name_scope("Train"):
        with tf.variable_scope("Model", reuse=None,
                        initializer=initializer):
            train_model = model(config, is_training=True)

    with tf.name_scope("Valid"):
        with tf.variable_scope("Model", reuse=True,
                        initializer=initializer):
            val_model = model(config_val, is_training=False)

    init = tf.global_variables_initializer()
```

计算图准备好了，我们可以开始训练模型，为此会创建一个 run_epoch 辅助函数：

```
def run_epoch(session, model, X, Y, batch_size):
    fetches = {
        "total_loss": model['total_loss'],
        "final_state": model['final_state'],
        "eval_op": model['train_op']
    }

    num_steps = X.shape[1]
    all_idx = np.arange(X.shape[0])
    np.random.shuffle(all_idx)
    batches = prepare_batches(all_idx, batch_size)

    initial_state = session.run(model['initial_state'])
    current_state = initial_state

    progress = tqdm(total=len(batches))
    for idx in batches:
        if len(idx) < batch_sze:
            continue

        feed_dict = {}
        for i, (c, h) in enumerate(model['initial_state']):
            feed_dict[c] = current_state[i].c
            feed_dict[h] = current_state[i].h

        feed_dict[model['place_x']] = X[idx]
        feed_dict[model['place_y']] = Y[idx]
```

```
        vals = session.run(fetches, feed_dict)
        loss = vals["total_loss"]
        current_state = vals["final_state"]

        progress.update(1)
        progress.set_description('%.3f' % loss)
    progress.close()
```

你应该很熟悉函数的开始部分了：先创建模型中重要变量的字典，然后重洗数据集。

接下来有一些不同：这次使用 RNN 模型（确切来说是 LSTM），所以需要记录运行间的状态。为此，我们先获取初始状态（应该全都是 0），并确保模型可以获得这些状态，每完成一步训练，都记录 LSTM 的最终状态，并再次将其输入模型。通过这种方式，模型可以学习到典型的行为模式。

和之前一样，使用 tqdm 监控过程。我们会展示一轮训练中已经运行了多少步以及当前的训练损失。

首先对模型进行一轮训练：

```
session = tf.Session(config=None, graph=graph)
session.run(init)

np.random.seed(0)
run_epoch(session, train_model, X_train, Y_train,
batch_size=config.batch_size)
```

一轮训练足以让模型学习到一些模式，因此我们可以检验模型是否真的做到了。首先编写一个辅助函数，用于模拟推荐场景：

```
def generate_prediction(uid, indptr, items, model, k):
    n_groups = len(uid)
    n_items = len(items)

    pred_all = np.zeros((n_items, k), dtype=np.int32)
    initial_state = session.run(model['initial_state'])

    fetches = {
        "logits": model['logits'],
        "final_state": model['final_state'],
    }

    for g in tqdm(range(n_groups)):
        start = indptr[g]
```

```
        end = indptr[g+1]

        current_state = initial_state

        feed_dict = {}

        for i, (c, h) in enumerate(model['initial_state']):
            feed_dict[c] = current_state[i].c
            feed_dict[h] = current_state[i].h

        prev = np.array([[0]], dtype=np.int32)

        for i in range(start, end):
            feed_dict[model['place_x']] = prev

            actual = items[i]
            prev[0, 0] = actual

            values = session.run(fetches, feed_dict)
            current_state = values["final_state"]

            logits = values['logits'].reshape(-1)
            pred = np.argpartition(-logits, k)[:k]
            pred_all[i] = pred

    return pred_all
```

这里要实现以下操作。

● 初始化预测矩阵，其大小是验证集中物品的数量乘以推荐物品的数量。

● 为数据集中的每个交易运行模型。

● 每次从虚拟物品（值为 0）和 LSTM 为空的状态开始。

● 逐个预测下一个可能的物品，并把用户真实购买的物品作为上一个物品传入模型。

● 获取全连接层的输出，并获取最可能的 Top-k 预测结果作为这一步的推荐结果。

执行如下函数，查看结果：

```
pred_lstm = generate_prediction(uid_val, indptr_val, iid_val, val_model, k=5)
accuracy_k(iid_val, pred_lstm)
```

结果为 7.1%。这个结果比基准的结果好了不少。

这是一个非常基础的模型，提升空间也很大：可以调整学习率，在学习率逐渐降低的情况下再多训练几轮；也可以修改 batch_size、num_steps 以及其他参数；还可以不使用任何正则化，既不衰减权重也不使用 dropout。这些策略都可能有用。

最重要的是，我们没有使用任何用户信息：推荐完全基于物品的模式。我们也可以使用用户信息做进一步的优化，毕竟推荐系统应该是个性化的，即为每个用户量身定制的。

当前 X_train 矩阵只包含物品。我们还应该使用其他输入，例如 U_train，其包含用户 ID：

```
X_train = []
U_train = []
Y_train = []

for t in df_train_wrap.itertuples():
    X, Y = prepare_train_data(t.items, config.num_steps)
    U_train.extend([t.customerid] * len(X))
    X_train.extend(X)
    Y_train.extend(Y)

X_train = np.array(X_train, dtype='int32')
Y_train = np.array(Y_train, dtype='int32')
U_train = np.array(U_train, dtype='int32')
```

让我们改动一下模型。添加用户特征的简便方法是把用户向量和物品向量放在一起构成矩阵，然后将该矩阵输入 LSTM。这非常容易实现，只需要修改几行代码：

```
def user_model(config, is_training):
    batch_size = config.batch_size
    num_steps = config.num_steps
    embedding_size = config.embedding_size
    hidden_size = config.hidden_size
    num_items = config.num_items
    num_users = config.num_users

    place_x = tf.placeholder(shape=[batch_size, num_steps], dtype=tf.int32)
    place_u = tf.placeholder(shape=[batch_size, 1], dtype=tf.int32)
    place_y = tf.placeholder(shape=[batch_size, num_steps], dtype=tf.int32)

    item_embedding = tf.get_variable("items", [num_items, embedding_size],
dtype=tf.float32)
    item_inputs = tf.nn.embedding_lookup(item_embedding, place_x)

    user_embedding = tf.get_variable("users", [num_items, embedding_size],dtype=tf.float32)
    u_repeat = tf.tile(place_u, [1, num_steps])
    user_inputs = tf.nn.embedding_lookup(user_embedding, u_repeat)
    inputs = tf.concat([user_inputs, item_inputs], axis=2)

    output, initial_state, final_state = \
        rnn_model(inputs, hidden_size, config.num_layers, batch_size,
```

```
num_steps, is_training)

        W = tf.get_variable("W", [hidden_size, num_items], dtype=tf.float32)
        b = tf.get_variable("b", [num_items], dtype=tf.float32)

        logits = tf.nn.xw_plus_b(output, W, b)
        logits = tf.reshape(logits, [batch_size, num_steps, num_items])

        loss = tf.losses.sparse_softmax_cross_entropy(place_y, logits)
        total_loss = tf.reduce_mean(loss)

        tvars = tf.trainable_variables()
        gradient = tf.gradients(total_loss, tvars)
        clipped, _ = tf.clip_by_global_norm(gradient, config.max_grad_norm)
        optimizer = tf.train.GradientDescentOptimizer(config.learning_rate)

        global_step = tf.train.get_or_create_global_step()
        train_op = optimizer.apply_gradients(zip(clipped, tvars),
                global_step=global_step)

        out = {}
        out['place_x'] = place_x
        out['place_u'] = place_u
        out['place_y'] = place_y

        out['logits'] = logits
        out['initial_state'] = initial_state
        out['final_state'] = final_state

        out['total_loss'] = total_loss
        out['train_op'] = train_op

        return out
```

新的实现和旧的实现的区别如下：
- 添加了 place_u（以用户 ID 作为输入的占位符）；
- 将 embeddings 重命名为 item_embeddings，以免和 user_embeddings 混淆；
- 把用户特征和物品特征连接起来。

模型其他部分的代码保持不变！

初始化也和之前模型的初始化类似，如下所示：

```
graph = tf.Graph()
graph.seed = 1
```

```
with graph.as_default():
    initializer = tf.random_uniform_initializer(-config.init_scale,
config.init_scale)
    with tf.name_scope("Train"):
      with tf.variable_scope("Model", reuse=None,
initializer=initializer):
            train_model = user_model(config, is_training=True)

    with tf.name_scope("Valid"):
      with tf.variable_scope("Model", reuse=True,
initializer=initializer):
            val_model = user_model(config_val, is_training=False)

        init = tf.global_variables_initializer()

session = tf.Session(config=None, graph=graph)
session.run(init)
```

这里唯一的区别是在创建模型时调用了不同的函数。训练模型一轮的代码和之前的也类似。唯一不同的是函数包含其他参数，我们将这些参数添加到 feed_dict 中：

```
def user_model_epoch(session, model, X, U, Y, batch_size):
    fetches = {
        "total_loss": model['total_loss'],
        "final_state": model['final_state'],
        "eval_op": model['train_op']
    }
    num_steps = X.shape[1]
    all_idx = np.arange(X.shape[0])
    np.random.shuffle(all_idx)
    batches = prepare_batches(all_idx, batch_size)

    initial_state = session.run(model['initial_state'])
    current_state = initial_state

    progress = tqdm(total=len(batches))
    for idx in batches:
        if len(idx) < batch_size:
            continue

        feed_dict = {}
        for i, (c, h) in enumerate(model['initial_state']):
            feed_dict[c] = current_state[i].c
            feed_dict[h] = current_state[i].h
```

```
        feed_dict[model['place_x']] = X[idx]
        feed_dict[model['place_y']] = Y[idx]
        feed_dict[model['place_u']] = U[idx].reshape(-1, 1)

        vals = session.run(fetches, feed_dict)
        loss = vals["total_loss"]
        current_state = vals["final_state"]

        progress.update(1)
        progress.set_description('%.3f' % loss)
    progress.close()
```

完成一轮新模型的训练：

```
session = tf.Session(config=None, graph=graph)
session.run(init)

np.random.seed(0)

user_model_epoch(session, train_model, X_train, U_train, Y_train,
                 batch_size = config.batch_size)
```

使用模型的方式也和之前的类似：

```
def generate_prediction_user_model(uid, indptr, items, model, k):
    n_groups = len(uid)
    n_items = len(items)

    pred_all = np.zeros((n_items, k), dtype=np.int32)
    initial_state = session.run(model['initial_state'])
    fetches = {
        "logits": model['logits'],
        "final_state": model['final_state'],
    }

    for g in tqdm(range(n_groups)):
        start = indptr[g]
        end = indptr[g+1]
        u = uid[g]

        current_state = initial_state

        feed_dict = {}
        feed_dict[model['place_u']] = np.array([[u]], dtype=np.int32)

        for i, (c, h) in enumerate(model['initial_state']):
```

```
            feed_dict[c] = current_state[i].c
            feed_dict[h] = current_state[i].h

        prev = np.array([[0]], dtype=np.int32)

        for i in range(start, end):
            feed_dict[model['place_x']] = prev

            actual = items[i]
            prev[0, 0] = actual

            values = session.run(fetches, feed_dict)
            current_state = values["final_state"]

            logits = values['logits'].reshape(-1)
            pred = np.argpartition(-logits, k)[:k]
            pred_all[i] = pred

    return pred_all
```

最后，运行 `generate_prediction_user_model` 函数以生成验证集的预测，并计算推荐的准确率：

```
pred_lstm = generate_prediction_user_model(uid_val, indptr_val, iid_val,
val_model, k=5)
accuracy_k(iid_val, pred_lstm)
```

输出是 0.252，即约 25%。结果的改进已经很明显了：差不多是上一个模型的 4 倍，也比原始基准好 25 倍。这里省去了模型在测试集上的计算，但是你可以自己完成（也应该完成），以确保模型没有过拟合。

9.4　小结

在本章中，我们介绍了推荐系统。首先，我们学习了使用 TensorFlow 实现简单方法的基础理论，然后讨论了一些改进方法，例如在推荐系统中应用 BPR-Opt。这些方法在实际的推荐系统实现中很重要，也很有用。

其次，我们尝试使用基于循环神经网络和 LSTM 来构建推荐系统。我们把用户的购买历史数据作为输入序列，并且可以使用序列模型做出成功的推荐。

第 10 章将介绍强化学习。这是深度学习中前沿的水准有显著提高的一个领域：使用强化学习的模型，智能体可以在许多游戏中打败人类玩家。我们将介绍引发变革的先进模型，还会介绍如何使用 TensorFlow 实现真正的人工智能。

第 10 章 基于强化学习的电子游戏

与输入、输出一一对应的监督学习不同，强化学习是另一类最大化问题：在给定环境下，找出一个动作策略，以达到奖励最大化（动作会与环境互动，甚至会改变环境）。强化学习的目标不是一个明确而具体的结果，而是最大化最终得到的奖励。强化学习会通过反复试错来找到实现目标的方法。如幼童学步一般，强化学习会在实验环境中分析动作带来的反馈，然后找出实现最大奖励的方式。这也类似我们玩新游戏的情形：尝试寻求最优的获胜策略，在此之后尝试许多方法，然后决定我们在游戏中的动作。

迄今为止，没有一种强化学习算法能够在通用学习上与人类媲美。和强化学习相比，人类从多个输入中学习的速度更快，并且可以学习在多个非常复杂、多样、结构化、非结构化的环境中的举动。但是强化学习在一些特定问题上表现出了超出人类的学习能力。例如，在特定游戏中，若训练时间充足，强化学习能够给出令人惊叹的结果（比如 AlphaGo——第一个在围棋这种需要长期策略与直觉的复杂游戏中打败了世界冠军的程序）。

本章将呈现一个富有挑战性的项目：让强化学习在雅达利游戏机的《登月着陆器》游戏中学习正确使用登月着陆器的指令。此游戏所含的指令较少，并可以根据少数几个数值描述游戏场景并完成游戏，以至于玩家不用看屏幕上的图像就能理解需要做什么。事实上，此游戏第一版诞生于 20 世纪 60 年代，而且是纯文本的。

神经网络和强化学习的结合可以追溯到 20 世纪 90 年代初。IBM 公司的研究员 Gerry Tesauro 结合前馈网络与时间差分学习（一种蒙特卡罗法与动态规划结合的算法）编写了著名的 TD-Gammon，用于自学西洋双陆棋游戏。西洋双陆棋是一款靠掷骰子决定行棋步数的双人游戏。当时 TD-Gammon 在西洋双陆棋上之所以有较好的表现，是因为西洋双陆棋是一个基于掷骰子的非确定性游戏，但是 TD-Gammon 无法在更具确定性的游戏中获得较好的结果。近些年来，得益于谷歌公司深度学习研究者的工作，神经网络已能够帮助解决西洋双陆棋以外的问题，并且可以在任何人的计算机上运行。近几年，强化学习被列于深度学习和机器学习的热点榜单之首。

10.1 关于游戏

《登月着陆器》电子游戏最早在 1979 年左右出现在雅达利游戏机上。该游戏发布载体为特殊设计的匣子，游戏画面基于黑白矢量图形，描绘了一个着陆舱接近月球表面的侧视图。着陆舱需要在若干个指定地点的某一处着陆。由于地形存在差异，因此这些着陆点具有不同的宽度和降落难度，在不同的着陆点着陆也会有不同的得分。玩家能够在游戏界面中知晓着陆舱的高度、速度、燃料余量、得分和已用时间。在月球引力的作用下，玩家需要通过消耗燃料调节着陆舱的旋转与推进（需要考虑惯性）来使着陆舱着陆。燃料是这个游戏的关键。

当着陆舱燃料耗尽并接触到月球表面时，游戏结束。在燃料耗尽之前，即便着陆舱发生了碰撞，玩家也能继续游戏。玩家可用的指令有 4 个：左转、右转、推进和中止着陆。当玩家使用推进指令时，着陆器将使用底部的推进器将着陆舱向其指向的方向移动；而使用中止着陆指令时，着陆舱将会调整姿态为头部朝上，并进行一次强力的推进（将消耗燃料），以避免坠毁。

这个游戏的有趣之处在于代价与奖励非常明确，但有些代价与奖励是"即时明确"的（比如尝试着陆时消耗的燃料），而有些只有等到着陆舱着陆的时候才会被发现（只有着陆舱完全停止，才知道着陆成功与否）。操作着陆舱着陆需要节约着规划燃料的用量，尽量不要过于浪费。着陆会获得一个得分，着陆过程越困难、着陆舱越安全，这个得分会越高。

10.2 OpenAI 版游戏

正如 OpenAI Gym 官方网站上的文档所述，OpenAI Gym 是一个开发和比较强化学习算法的工具包。该工具包括一个运行于 Python 2 或 Python 3 的 Python 包及其网站 API。该 API 用于上传用户自己的算法结果，并将其与其他算法结果加以比较（这个用途将不在此深入探讨）。

这个工具包体现了强化学习的要素，即一个智能体和一个环境。智能体可以在环境中执行或不执行操作，而环境将以新的状态（表示环境中的情况）和奖励来回应。奖励是一个分数，用于告诉智能体哪种情况更优。OpenAI Gym 工具包提供了环境，因此必须使用相关算法来编码智能体，让智能体在环境中做出反应。环境由 env 处理，env 是一个包含强化学习算法的类，使用语句 gym.make('environment') 为特定游戏创建环境时，该类会被实例化。以下是该类官方文档中的一个示例：

```
import gym
env = gym.make('CartPole-v0')
for i_episode in range(20):
    observation = env.reset()
    for t in range(100):
```

```
env.render()
print(observation)
# taking a random action
action = env.action_space.sample()
observation, reward, done, info = \
                                   env.step(action)
If done:
    print("Episode finished after %i \
            timesteps" % (t+1))
    break
```

在本节中，环境是 CartPole-v0。在 CartPole-v0 环境中，需要处理的是一个游戏的控制问题：无摩擦轨道上有一辆装有立杆的小车，立杆和小车由一个节点相接，而这个游戏的目的是通过对小车施加向前或向后的力以保持立杆尽可能长时间直立。这是 IIT Madras 的动力学和控制实验室实验的一部分，该实验使用了基于类神经元的自适应元素，能解决许多控制难题。

 CartPole 的控制问题参见 Barto、Andrew G、Sutton、Richard S、Anderson 和 Charles W 的论文 *Neuron like adaptive elements that can solve difficult learning control problems*。

下面是在官方文档示例中 env 的方法的简要说明。

- reset()：将环境的状态重置为初始默认条件，并返回初始默认条件的观察结果。
- step(action)：做出动作，将环境向后推进一个时间段，并返回一个含有 4 个变量的向量，即观察（observation）、奖励（reward）、完成状态（done）和额外信息（info）。观察表示当前的环境状态。在游戏中，环境状态是一个向量，包含不同值的向量表示不同的环境。例如，在 CartPole-v0 等涉及物理的环境中，环境状态向量由小车的位置、小车的速度、杆的角度和杆的速度组成。奖励是前一个动作所取得的分数（若想得到每个动作的总分数，需要手动对所有奖励进行累加）。完成状态是一个布尔变量，它告诉我们是否处于游戏的结束状态（游戏结束）。额外信息将提供诊断信息，这些信息不用于算法，而只用于调试。
- render(mode='human', close=False)：将渲染一帧环境。默认模式将执行一些用户友好的操作，例如弹出一个窗口。传递 close 标签将指示渲染引擎不生成此类窗口。

这些方法产生的效果如下：

- 设置 CartPole-v0 的初始环境；
- 运行 1000 个步骤；

- 随机选择对小车施加正向或反向力；
- 将结果可视化。

上述方法的有趣之处在于可以轻松地更换游戏，只需将一个不同的字符串（例如，尝试 MsPacman-v0 或 Breakout-v0，或者从运行 gym.print(envs.registry.all()) 后得到的可用列表中选择任意一个）提供给 gym.make 方法，并在不改变代码的情况下测试适配不同环境的方法。OpenAI Gym 通过在所有环境中使用公共接口，可以轻松地测试算法在不同问题中的通用性，还根据该模式推理、理解和解决智能体环境问题提供了一个框架。在 $t-1$ 时刻，一个状态和奖励被推送给一个智能体，该智能体以一个动作给出反应，产生一个新的状态，并在 t 时刻产生一个新状态和新奖励。环境和智能体通过状态、动作和奖励进行交互的方式如图 10-1 所示。

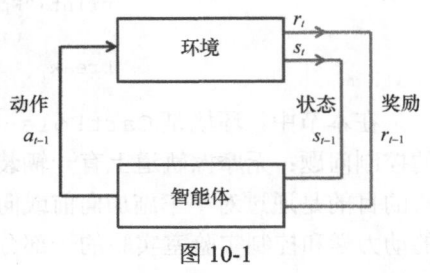

图 10-1

在 OpenAI Gym 的每一个不同的游戏中，action_space（表示智能体响应的命令）和 observation_space（表示状态）都会发生变化。你可以在设置了一个环境之后，通过使用一些 print 命令来查看它们是如何变化的：

```
print(env.action_space)
print(env.observation_space)
print(env.observation_space.high)
print(env.observation_space.low)
```

10.3　在 Linux（Ubuntu 14.04 或 16.04）上安装 OpenAI Gym

我们建议在 Ubuntu 系统上安装 OpenAI Gym。OpenAI Gym 是为 Linux 系统创建的，对 Windows 的支持偏少。根据系统配置，你可能需要先安装一些附加软件：

```
apt-get install -y python3-dev python-dev python-numpy libcupti-dev
libjpeg-turbo8-dev make golang tmux htop chromium-browser git cmake
zlib1g-dev libjpeg-dev xvfb libav-tools xorg-dev python-opengl
libboost-all-dev libsdl2-dev swig
```

我们建议你使用 Anaconda 3，请自行下载并安装。
在设置系统需求之后，安装 OpenAI Gym 及其所有模块将变得非常简单：

```
git clone https://github.com/openai/gym
cd gym
pip install -e .[all]
```

在这个项目中，我们会用到 Box2D 模块。Box2D 是一个二维物理引擎，用于在二维环境中提供真实世界的物理渲染，就像在伪写实电子游戏中常见的那样。在 Python 中，以下代码可以用来测试 Box2D 是否工作：

```
import gym
env = gym.make('LunarLander-v2')
env.reset()
env.render()
```

如果上述代码运行正常，则可以继续推进我们的项目。在一些情况下，Box2D 可能会无法运行。在基于 Python 3.4 的 conda 环境中安装 OpenAI Gym 可能会简单一些：

```
conda create --name gym python=3.4 anaconda gcc=4.8.5
source activate gym
conda install pip six libgcc swig
conda install -c conda-forge opencv
pip install --upgrade tensorflow-gpu
git clone ********github****/openai/gym
Acd gym
pip install -e .
conda install -c********conda.anaconda.****/kne pybox2d
```

上述安装步骤可以创建一个 conda 环境——该环境适合本章中介绍的项目。

在 OpenAI Gym 中的《登月着陆器》游戏

《登月着陆器》（LunarLander-v2）是由 OpenAI 的工程师 Oleg Klimov 开发的游戏，其灵感来自最初的雅达利游戏机上的《登月着陆器》。在此游戏中，玩家需要将着陆舱带到始终位于坐标 $x=0$ 和 $y=0$ 处的着陆台。此外，着陆舱的实际 x 坐标和 y 坐标是已知的，它们的值存储在状态向量的前两个元素中。状态向量包含用于强化学习算法的所有信息，可以决定在某个时刻采取的最佳动作。

状态向量使问题变得容易许多，因为不必处理不确定的自身位置或目标位置，而这是一个机器人科学中常见的问题。游戏界面如图 10-2 所示。

在每个时刻，着陆舱有 4 种可能的动作可供选择：什么都不做、左转、右转和推进。

这个游戏有趣的地方在于复杂的奖励系统，如下所示。

- 如果从游戏界面顶部移动到着陆台附近后以 0 速度着陆（可以在着陆台外着陆），就会获得 100～140 点的奖励。
- 如果着陆舱还没有停下来就离开了着陆台，它将失去先前获得的一些奖励。
- 每一局（指一次游戏过程）中在着陆舱撞毁或安全着陆时，分别提供额外的–100 点或 100 点奖励。

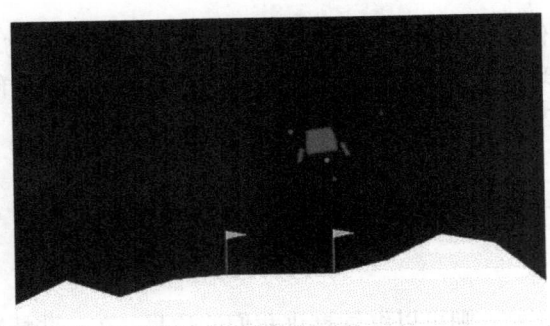

图 10-2

- 与地面接触的每个侧支撑架有 10 点奖励。
- 点燃主引擎后，着陆舱每帧需要消耗 0.3 点奖励（但燃料是无限的）。
- 过关给予 200 点奖励。

游戏可以用离散命令（实际上游戏的命令是二值的，即全推力或无推力）流畅地运行。正如游戏的作者所说，根据庞特里亚金最大化原理（Pontryagin's maximum principle），最好全速启动或完全关闭引擎。

该游戏也可以使用一些简单的启发式算法，比如基于目标距离并使用比例积分导数（Proportional Integral Derivative，PID）控制器来控制下降的速度和角度。PID 是一种用于有反馈条件下的控制系统的工程解决方案。

10.4 通过深度学习探索强化学习

在本项目中，我们不深入介绍如何构建启发式算法（但其仍然能解决人工智能中的许多问题）或如何构造 PID，而是打算利用深度学习为智能体提供足够的"情报"，以便它能成功地控制着陆器。

强化学习理论为解决这类问题提供了如下几个框架。

- **基于价值的学习**：通过评估处于某一状态时的奖励或结果，比较不同可能状态下的奖励，选择产生最佳状态的动作。Q-learning 就是这种框架的一个例子。
- **基于策略的学习**：根据来自环境的奖励评估不同的控制策略后，选择最终取得最佳效果的策略。
- **基于模型的学习**：在智能体内构建环境模型，从而允许智能体模拟不同的动作及其相应的奖励。

在本项目中，我们将使用一个基于价值的学习框架。具体来说，我们将使用基于

Q-learning 的经典强化学习算法。有证据表明，这种算法在以下情况中是有效的：在游戏中，智能体需要决定一系列导致游戏后期延迟奖励的动作。该算法由 C.J.C.H. Watkins 于 1989 年在其博士论文中提出，也被称为 Q-learning，基于"一个智能体在环境中，考虑当前状态的情况并定义一系列导致最终奖励的动作"这样的理念，即

$$s \xrightarrow{a} r, s'$$

上述公式描述了状态 s 在执行动作 a 之后是如何获得奖励 r 和移动到新状态 s' 的。从游戏的初始状态开始，上述公式应用一系列动作，一个接一个地转换每个新的状态，直到游戏结束。我们可以将游戏想象为由一系列动作连接起来的状态，还可以用该公式解释如何通过一系列动作 a 将初始状态 s 转换为最终状态 s' 和最终奖励 r。

在强化学习中，**策略**是动作 a 的最优序列。策略可以用一个名为 Q 的函数来近似表示，给定当前状态 s 和可能的动作 a 作为输入，该函数将提供有可能得到的最大奖励 r：

$$Q(s, a) = r$$

这种策略显然是"贪婪"的，这意味着我们只在一种精确的状态下选择最佳的动作。由于总是期望在每一步选择最佳的动作（这将带来最好的结果），因此贪婪的策略不考虑可能导致奖励的动作链，而只会考虑下一个动作 a。不过，很容易证明，如果符合以下条件，我们可以自信地采取贪婪的策略，并利用这种策略获得最大奖励：

- 能够找到一个完美的策略先验知识 Q^*；
- 在一个信息完美（这意味着我们对环境了如指掌）的环境中工作；
- 环境遵循马尔可夫原理。

 马尔可夫原理指出，未来（状态和奖励）只取决于现在，而不是过去。因此，我们可以简单地通过观察现在的状态，而忽略以前发生的事情来获得最好的结果。

事实上，如果将 Q 函数构建为一个递归函数，则只需要探索（使用广度优先搜索方法）待评估动作对当前状态的影响，并且递归函数将返回可能的最大奖励。

这种方法在计算机模拟中非常有效，但在现实世界中毫无意义，原因如下：

- 环境大多是基于概率的，即使采取了动作，也不一定能得到确切的奖励；
- 环境与过去联系在一起，单靠现在无法描述未来，因为过去可能会产生隐藏的或长期的后果；
- 环境不是完全可以预测的，所以不能事先知道一个动作的奖励，但是可以在事后知道（这称为后验条件）；
- 环境非常复杂，不能在一个合理的时间内计算出一个动作的所有可能的后果，因此不能确定一个动作所产生的最大奖励。

解决方案是采用一个近似 Q 函数，它可以考虑表示概率的结果，并且不需要通过预测

来探索所有的未来状态。显然，它应该是一个真正的近似函数，因为在复杂的环境中构建值搜索表是不切实际的（有些状态空间可以是连续的值，从而使可能的组合变得无限多）。此外，该函数可以离线学习，这意味着智能体需要利用过去的经验（这表明记忆能力变得非常重要）。

以前也有人尝试用神经网络来表示近似 Q 函数，但唯一成功的应用是 TD_Gammon——这是一个采用仅由多层感知机驱动的强化学习算法的西洋双陆棋程序。TD_Gammon 超越了人类在西洋双陆棋方面的水平，但在当时，它的成功不能复现在其他游戏上，如国际象棋或围棋。

这在当时导致了一种观点，即神经网络并不真正适合于计算 Q 函数，除非游戏是随机的（比如我们必须在西洋双陆棋中掷骰子）。直到 2013 年，Volodymyr Minh 等人发表了一篇关于深度强化学习的论文 *Playing Atari with deep reinforcement learning*，将 Q-learning 应用于以往的雅达利游戏，从而证伪了这个观点。

这篇论文演示了如何使用神经网络学习 Q 函数，如何通过输入视频（60Hz 采样率和 210×160 分辨率的 RGB 视频）并输出操纵杆和射击按钮命令，来玩一系列的雅达利游戏（例如《激光骑士》《打砖块》《摩托大战》《乒乓球》《波特 Q 精灵》《深海游弋》和《太空侵略者》）。该论文将这种方法命名为**深度 Q 网络**（Deep Q-Network，DQN），并介绍了**经验回放**（experience replay）和**探索与利用**（exploration and exploitation）的概念。当尝试将深度学习应用于强化学习时，这些概念将有助于解决一些关键问题：

- 缺乏足够的例子可供学习，而足够的例子是强化学习所必需的，在使用深度学习时更是不可或缺的；
- 在动作和有效奖励之间有较长的延迟，这需要在获得奖励之前处理一系列可变长度的动作；
- 一系列高度相关的动作序列（因为一个动作通常会影响到后续的动作）可能导致任何随机梯度下降算法过拟合最新的示例，或者只得到非最优收敛（随机梯度下降算法期望随机示例，而不是相关示例）。

Mnih 在其与他人合写的论文 *Human-level control through deep reinforcement learning* 中证实了 DQN 的有效性，即利用 DQN 进行了更多的游戏，并将 DQN 的性能与人类和经典强化学习算法的性能加以比较。

在许多游戏中，尽管长期策略仍然是算法的一个问题，但 DQN 被证明比人类表现得更好。在某些游戏中，例如《打砖块》，智能体发现了一些狡猾的策略，比如打出一条隧道穿过墙壁，以轻松的方式把球传过并摧毁墙壁；而在其他游戏中，比如《蒙特祖马的复仇》中，智能体还是表现得较差。

在论文中，作者们详细地讨论了智能体如何理解赢得如《打砖块》等的突围游戏的细节，并给出了 DQN 函数的响应表，展示了如何将高奖励分数分配给先在墙壁上打出一条隧道，然后让球通过的动作。

10.4.1　深度 Q-learning 技巧

人们认为神经网络实现的 Q-learning 是不稳定的，后来出现了一些技巧，使稳定性问题得到缓解。尽管 Q-learning 的其他变体，例如双重 Q-learning、延迟 Q-learning、贪婪 GQ、快速 Q-learning 等，可以解决原解的性能和收敛性问题，但我们不在此项目中展开讨论。我们要讨论的两个主要 DQN 问题是**经验回放**以及**探索与利用**之间的取舍。

通过经验回放，我们只需将所观察到的游戏状态存储在一个预先确定大小的队列中，当队列满时，丢弃旧的状态。在存储的数据中有一些元组，其包括当前状态、动作、结果状态和获得的奖励。如果我们考虑一个由当前状态和动作组成的元组，则可以观察到在环境中运行的智能体，这促使我们考虑导致结果状态和奖励的根本原因。进一步，我们可以将元组（包括当前状态和动作）作为奖励的预测器（x 向量），在此基础上可以估计当前环境下与动作直接相关的奖励，以及在游戏结束时将获得的奖励。

给定这样的存储数据（可以将其作为智能体的记忆），我们对其中的一些数据进行采样，进而创建一个批数据，来训练神经网络。但是，在将数据传递给神经网络之前，我们需要定义目标变量（y 向量）。由于抽样的状态大多不是最终状态，因此可能会有一个零奖励或只是部分奖励来匹配已知的输入（当前状态和选择的动作）。部分奖励的缺陷是它只描述了需要知道的信息的一部分，而我们的目标是在目前正在评估的状态采取动作后，知道游戏结束时得到的全部奖励。

在这种情况下，由于没有全部奖励的信息，因此我们只试图通过使用现有的 Q 函数来近似得到这个值，以便估计剩余奖励，这是我们要考虑的元组（包括状态、动作）的结果最大值。得到它之后，我们将用 Bellman 方程对它的值进行衰减。

使用较小的衰减值（接近于零）进行衰减使 Q 函数更倾向于短期奖励，而使用较大的衰减值（接近 1）使 Q 函数更倾向于未来奖励。

另一个非常有效的技巧是利用系数来进行探索与利用之间的取舍。在探索过程中，我们期望智能体尝试不同的行动，以便在给定的状态下找到最佳行动方案。在利用过程中，智能体利用其在以前的探索过程中学到的知识，并简单地决定在某种情况下应该采取的最佳行动。

在探索与利用之间找到一个好的平衡，与前文讨论的经验回放的用法密切相关。在开始对 DQN 算法进行优化时，只需使用一组随机的网络参数，就像本章简单介绍示例中所做的随机抽样操作一样。在这种情况下，智能体将探索不同的状态和动作，并帮助形成初始 Q 函数。对于复杂的游戏，例如《登月着陆器》，在游戏中使用随机选择不会使智能体探索许多步骤，而且从长远来看，这甚至可能会十分低效，因为只有在智能体之前做了一系列正确的事情时才能访问一些具有奖励的状态和动作。事实上，在这种情况下，DQN 算法将很难找到将正确的奖励分配给一个动作的恰当方法，因为它将永远不会"看到"一次完整的游戏。由于游戏很复杂，因此不太可能通过随机的动作序列来解决问题。

因此，正确的方法是平衡随机学习，并使用已学会的知识帮助智能体在游戏中探索更多步骤。这类似于通过一系列连续的近似函数找到一个解决方案，每次让智能体更接近于一个正确动作序列，以实现安全和成功着陆。因此，智能体应该先随机学习，找出在特定情况下要做的最有利的事情，然后应用所学知识进入新情况。通过随机选择，这些新情况也将被依次处理、学习和应用。

这是通过使用递减值作为阈值来实现的。让智能体决定在游戏中的某个点上是否采取随机选择，然后观察发生的事情，或者利用智能体到目前为止学到的知识，在这一点上做出可能的最佳动作。从均匀分布 [0,1] 中选取一个随机数，智能体将其与递减值 *epsilon* 进行比较：如果随机数大于 *epsilon*，则使用其近似的神经网络 Q 函数；否则，从可用的选项中选择一个随机动作。在此之后，*epsilon* 将会略微减小。*epsilon* 被初始化为最大值 1，根据衰减因子的设置，*epsilon* 将随着时间的推移而或多或少地减小，得到一个不是 0（没有随机选择的可能）的最小值，以便有可能（以最小的开放因素）通过偶然性学习新的和意想不到的东西。

10.4.2　理解深度 Q-learning 的局限性

无论是通过图像还是其他对于环境的观察来得到近似 Q 函数，深度 Q-learning 都有一些局限性。

- 近似过程需要很长的时间才能收敛，有时它并不能很顺利地实现，甚至可能出现神经网络的学习指标在多轮训练之后继续恶化而不是变得更好的情况。
- Q-learning 基于贪婪的策略，其提供的算法与启发式算法没有什么不同：它指出了最佳的方向，但不能提供详细的规划。当处理长期目标或必须明确地被分解为子目标的目标时，Q-learning 表现得很糟糕。
- Q-learning 的工作机制导致的一个结果是，它并不是从通用的角度来理解游戏的进行，而是从一个特定的角度（它重复了训练期间的有效经验）来理解。因此，引入游戏的（在训练过程中也从未遇到过的）新对象都可能破坏算法，并使 Q-learning 完全无效。在算法中引入新游戏时也是如此，它根本无法执行。

10.5　启动项目

在介绍完强化学习和 DQN，以及对操作 OpenAI Gym 环境和设置近似 Q 函数的 DQN

有了基本理解之后，我们开始编写程序。首先，导入所有必要的软件包：

```
import gym
from gym import wrappers
import numpy as np
import random, tempfile, os
from collections import deque
import tensorflow as tf
```

tempfile 模块用于生成临时文件和目录,作为数据文件的临时存储区域。collections 模块中的 deque 命令创建一个双端队列（实际上它是一个列表）,可以在该队列的开头或结尾添加元素。需要注意的是,它可以设置为给定的容量。当元素数量达到容量时,旧元素将被丢弃,以便为新元素留出位置。

我们将使用一系列表示智能体、智能体的"大脑"（这里是 DQN）、智能体的记忆和环境的类来构造这个项目。环境可以在 OpenAI Gym 中找到,但需要为其编写一个类以连接到智能体。

10.5.1　定义人工智能大脑

在这个项目中,我们首先创建一个包含所有神经网络代码的类 Brain,用来计算 Q 函数的近似值。这个类将包含必要的初始化代码、用于创建合适的 TensorFlow 计算图的代码、一个简单的神经网络（不是一个复杂的深度学习网络,而是一个用于本项目的简单的、实用的神经网络,你也可以用更复杂的神经网络替换它）,以及学习和预测动作的函数。

首先要做的是初始化代码。作为输入,我们需要知道与从游戏中得到的信息相对应的状态输入（nS）的大小,以及在游戏中与可以执行操作的按钮相对应的动作输出（nA）的大小。我们强烈建议为网络设置域（非必须如此,它是一个字符串）,以创建有不同目的的独立网络。本项目需要使用两个网络,一个用于处理下次的奖励,一个用于估计最终奖励。

然后,定义优化器（这里使用 Adam 优化器）的学习率。

要了解 Adam 优化器,可以参考 Diederik P. Kingma 和 Jimmy Ba 的论文 *Adam: A Method for Stochastic Optimization*。这是一个非常有效的基于梯度的优化器,只需很少的调整即可正常工作。Adam 优化算法是一种随机梯度下降算法,类似于带有 Momentum 的 RMSProp 算法。要了解更多信息,请参考美国加州大学伯克利分校 *Computer Vision Review Letters* 上的 *ADAM: A Method for Stochastic Optimization* 这篇论文。根据经验,将样本分批对深度学习算法进行训练是最有效的解决方案之一,并需要用户对学习率进行一些调整。

最后还需要提供的有：

- 神经网络架构（如果想替换示例中提供的基础神经网络架构）；
- 输入 `global_step`，这是一个全局变量，它将记录迄今为止输入 DQN 的示例的训练批次的数量；
- 用于存储 TensorBoard 日志的目录，TensorBoard 是 TensorFlow 的标准可视化工具。

```python
class Brain:
    """
    A Q-Value approximation obtained using a neural network.
    This network is used for both the Q-Network and the Target Network.
    """
    def __init__(self, nS, nA, scope="estimator",
                 learning_rate=0.0001,
                 neural_architecture=None,
                 global_step=None, summaries_dir=None):
        self.nS = nS
        self.nA = nA
        self.global_step = global_step
        self.scope = scope
        self.learning_rate = learning_rate
        if not neural_architecture:
            neural_architecture = self.two_layers_network
        # Writes TensorBoard summaries to disk
        with tf.variable_scope(scope):
            # Build the graph
            self.create_network(network=neural_architecture,
                                learning_rate=self.learning_rate)
            if summaries_dir:
                summary_dir = os.path.join(summaries_dir,
                                           "summaries_%s" % scope)
                if not os.path.exists(summary_dir):
                    os.makedirs(summary_dir)
                self.summary_writer = \
                            tf.summary.FileWriter(summary_dir)
            else:
                self.summary_writer = None
```

`tf.summary.FileWriter` 命令在目标目录（`summary_dir`）中将事件文件初始化，同时在该目录中存储学习过程的关键度量。相关调用句柄保存在 `self.summary_writer` 中，稍后将使用它来存储训练期间和之后的相关度量，以监视和调试学习过程。

下一个要定义的方法用于这个项目的默认神经网络，它接收输入层和将要使用的隐藏层各自节点数量作为输入。输入层是由正在使用的状态定义的，可以是一个度量向量（比如例子中使用的向量），也可以是一个图像（如原始 DQN 论文中所示）。

　　这些层可以简单地使用 TensorFlow 的 Layers 模块中更高级别的操作来定义。我们选择原生的全连接层，使用 ReLU 作为两个隐藏层的激活函数，输出层使用线性激活函数。

　　全连接层的预定义大小为 32 是非常合适的。当然如果你愿意，可以增大它。此外，我们不在网络中使用 **dropout**。显然，这里的问题不是过拟合，而是所学知识的质量。只有通过不断提供有用的不相关状态下的序列，和相应的对最终奖励的合理估计，才能提高所学知识的质量。有用的状态序列，特别是在探索与利用之间取舍的情况下，才是不存在网络过拟合的关键所在。在强化学习问题中，如果陷入以下两种情况之一，则说明模型已经过拟合了。

- 次优性。算法提出次优解，即着陆器学会了一种粗略的着陆方法后持续使用此方法，因为此方法至少使着陆器着陆了。
- 无助。算法陷入了一种学习的无助状态。也就是说，它没有找到正确着陆的方法，而只能接受以尽可能不坏的方式撞毁着陆器的方法。

　　这两种情况对于强化学习算法（如 DQN）来说确实很难处理，除非该算法有机会在游戏中探索其他解决方案。不时地采取随机行动，并不是原先的一种简单地把事情"搞砸"的策略，而是一种避免陷阱的策略。另外，在更大的网络中，失效的神经元可能会产生一些问题，为此我们需要使用 tf.nn.leaky_relu 来让它重新生效。

失效的 ReLU 总是输出相同的值（通常是 0），并且它会阻止反向传播更新。

TensorFlow 从 1.4 版本开始，就有了 leaky_relu 激活函数。如果你正在使用旧版本的 TensorFlow，可以按如下方式自己创建一个激活函数：

```
def leaky_relu(x, alpha=0.2):
    return tf.nn.relu(x) - alpha * tf.nn.relu(-x)
```

接下来，我们开始编写 Brain 类的代码，并在其中添加更多的方法：

```
def two_layers_network(self, x, layer_1_nodes=32,
                       layer_2_nodes=32):

    layer_1 = tf.contrib.layers.fully_connected(x, layer_1_nodes,
                              activation_fn=tf.nn.relu)
    layer_2 = tf.contrib.layers.fully_connected(layer_1,
                              layer_2_nodes,
                       activation_fn=tf.nn.relu)
    return tf.contrib.layers.fully_connected(layer_2, self.nA,
                              activation_fn=None)
```

　　create_network 方法结合了输入、神经网络、损失和优化器。损失只是由将原始奖励与估计结果之间的差进行平方，并将所学习的批次中所有样本的损失取平均值得到的。使用 Adam 优化器将损失最小化。

我们还用 TensorBoard 记录了一些值：

● 批的平均损失，以便在训练期间跟踪训练状况；

● 批最大预测奖励，以便跟踪极端的正向预测，代表了最佳的获胜步骤；

● 批平均预测奖励，以便跟踪预测好动作的总体趋势。

create_network 方法（本项目的 TensorFlow 引擎）的代码如下所示：

```
def create_network(self, network, learning_rate=0.0001):

    # Placeholders for states input
    self.X = tf.placeholder(shape=[None, self.nS],
                            dtype=tf.float32, name="X")
    # The r target value
    self.y = tf.placeholder(shape=[None, self.nA],
                            dtype=tf.float32, name="y")
    # Applying the choosen network
    self.predictions = network(self.X)
    # Calculating the loss
    sq_diff = tf.squared_difference(self.y, self.predictions)
    self.loss = tf.reduce_mean(sq_diff)
    # Optimizing parameters using the Adam optimizer
    self.train_op = tf.contrib.layers.optimize_loss(self.loss,
                    global_step=tf.train.get_global_step(),
                    learning_rate=learning_rate,
                    optimizer='Adam')
    # Recording summaries for Tensorboard
    self.summaries = tf.summary.merge([
        tf.summary.scalar("loss", self.loss),
        tf.summary.scalar("max_q_value",
                        tf.reduce_max(self.predictions)),
        tf.summary.scalar("mean_q_value",
                        tf.reduce_mean(self.predictions))])
```

这个类包含了 predict 方法和 fit 方法。fit 方法以状态矩阵 s 作为输入，以奖励向量 r 作为结果。该方法还包括训练的轮数（在原论文中，建议每批只训练一轮，以避免对每批观测值产生过拟合）。然后在当前会话中，对输入、结果和记录值（在创建网络时定义）进行拟合：

```
def predict(self, sess, s):
    """
    Predicting q values for actions
    """
    return sess.run(self.predictions, {self.X: s})
```

```
def fit(self, sess, s, r, epochs=1):
    """
    Updating the Q* function estimator
    """
    feed_dict = {self.X: s, self.y: r}
    for epoch in range(epochs):
        res = sess.run([self.summaries, self.train_op,
                        self.loss,
                        self.predictions,
                        tf.train.get_global_step()],
                        feed_dict)
        summaries, train_op, loss, predictions,
                            self.global_step = res
    if self.summary_writer:
        self.summary_writer.add_summary(summaries,
self.global_step)
```

最后，返回 global_step。它是一个计数器，可以跟踪到目前为止在训练中使用的批数量，并且将其记录下来供以后使用。

10.5.2 为经验回放创建记忆

在定义了"大脑"（TensorFlow 神经网络）之后，接下来我们要定义记忆（数据存储），为 DQN 的学习过程提供动力。在每个用于训练的游戏会话中，一个步骤由一个状态和一个动作组成，与随后的状态和该会话的最终奖励（最终奖励只有在该会话结束时才会知道）一起被记录下来。

添加一个标签，用于记录观察是否已经终止或还没有完成记录信息集。其做法是不但将某些步骤与即时奖励（可能为空或非常少）关联，而且与结束奖励关联，从而将该会话中的每一个步骤都与之关联。

Memory 类含有一个固定大小的队列，其中有以往的游戏经验，可以很容易地对其进行采样和提取。由于队列的大小固定，因此需要将较旧的示例从队列中移除，从而使可用的示例始终位于最后。

这个类包括 __init__ 方法，用于初始化双端队列并固定其大小，也包括 __len__ 方法（用于确定内存是否耗尽，此方法很有用。例如，可以用来检测并等待数据足够丰富时再进行训练，因为此时样本具有更好的随机性和多样性），还包括用于在队列中添加示例的 add_memory 方法，以及以列表格式从记忆中恢复所有数据的 recall_memory 方法：

```
class Memory:
    """
    A memory class based on deque, a list-like container with
```

```
fast appends and pops on either end (from the collections
package)
"""
def __init__(self, memory_size=5000):
    self.memory = deque(maxlen=memory_size)
def __len__(self):
    return len(self.memory)

def add_memory(self, s, a, r, s_, status):
    """
    Memorizing the tuple (s,a,r,s_) plus the Boolean flag status,
    reminding if we are at a terminal move or not
    """
    self.memory.append((s, a, r, s_, status))

def recall_memory(self):
    """
    Returning all the memorized data at once
    """
    return list(self.memory)
```

10.5.3　创建智能体

要创建的下一个类是智能体类 Agent，它具有初始化智能体、维护大脑（提供近似 Q 函数）和记忆的作用。更重要的是，智能体是与环境互动的主要对象，它的初始化设置了一系列的参数（根据以往在《登月着陆器》游戏中训练智能体的经验），这些参数大多是固定的。当然，你可以在初始化智能体时显式地更改它们。

- epsilon = 1.0 设置的是探索与利用参数的初始值。值为 1.0 将迫使智能体完全依赖于探索，即随机移动。
- epsilon_min = 0.01 设置的是探索与利用参数的最小值。值为 0.01 表示着陆舱随机移动的可能性为 1%，而不总基于 Q 函数的反馈。这意味着一直有一个非常小的机会找到另一种更优的方式完成游戏。
- epsilon_decay = 0.9994 设置的是调节 epsilon 减小到最小值的速度。在这里，它被调整为在大约 5000 个游戏会话之后达到最小值。一般来说，这个参数应该为算法提供至少 200 万个可供学习的示例。
- gamma = 0.99 设置的是奖励折损因子。近似 Q 函数将根据它来衡量未来奖励相对于当前奖励的权重，据此决定算法是按短期还是按长远打算（在《登月着陆器》这个游戏中，最好按长远打算，因为只有在着陆舱着陆时才会得到奖励）。

- learing_rate = 0.0001 设置的是 Adam 优化器学习批示例的学习率。
- epochs = 1 设置的是神经网络拟合批示例集而使用的训练轮数。
- batch_size = 32 设置的是批大小。
- memory = Memory(memory_size=250000) 设置的是记忆队列的大小。

> 通过预置参数，我们可以确保智能体在当前项目正常工作。对于不同的 OpenAI
> 环境，你可能需要多加尝试，才能找到不同的最佳参数。

我们在初始化智能体时还将定义确定 TensorBoard 日志的存放位置（默认情况下是
experiment 目录）所需的命令、用于估计下一个即时奖励的模型，以及存储最终奖励权重
的模型。我们在初始化智能体时还将定义一个保存器（tf.train.Saver），用于将整个会
话序列化后保存到磁盘中，以便以后恢复它并将其用于"玩"真正的游戏，而不只是学习"玩"
的方法。

上述两个模型在同一个会话中被初始化，使用不同的域名（一个是 q，由 TensorBoard
监视的下一个奖励的模型；另一个是 target_q）。使用两个不同的域名可以方便地处理神
经元的系数，从而可以用类中的另一种方法加以替换：

```
class Agent:
    def __init__(self, nS, nA, experiment_dir):
        # Initializing
        self.nS = nS
        self.nA = nA
        self.epsilon = 1.0  # exploration-exploitation ratio
        self.epsilon_min = 0.01
        self.epsilon_decay = 0.9994
        self.gamma = 0.99  # reward decay
        self.learning_rate = 0.0001
        self.epochs = 1  # training epochs
        self.batch_size = 32
        self.memory = Memory(memory_size=250000)

        # Creating estimators
        self.experiment_dir =os.path.abspath\
                ("./experiments/{}".format(experiment_dir))
        self.global_step = tf.Variable(0, name='global_step',
                                              trainable=False)
        self.model = Brain(nS=self.nS, nA=self.nA, scope="q",
                      learning_rate=self.learning_rate,
                      global_step=self.global_step,
                      summaries_dir=self.experiment_dir)
        self.target_model = Brain(nS=self.nS, nA=self.nA,
```

```
                              scope="target_q",
                  learning_rate=self.learning_rate,
                      global_step=self.global_step)

    # Adding an op to initialize the variables.
    init_op = tf.global_variables_initializer()
    # Adding ops to save and restore all the variables.
    self.saver = tf.train.Saver()

    # Setting up the session
    self.sess = tf.Session()
    self.sess.run(init_op)
```

epsilon 表示探索与利用参数之间的取舍，通过 epsilon_update 方法不断更新，该方法只是通过将实际的 epsilon 乘以 epsilon_decay 对实际的 epsilon 加以修改，除非它已经达到了允许的最小值：

```
def epsilon_update(self, t):
    if self.epsilon > self.epsilon_min:
        self.epsilon *= self.epsilon_decay
```

使用 save_weights 方法与 load_weights 方法来保存并恢复会话：

```
def save_weights(self, filename):
    """
    Saving the weights of a model
    """
    save_path = self.saver.save(self.sess,
                                "%s.ckpt" % filename)
    print("Model saved in file: %s" % save_path)

def load_weights(self, filename):
    """
    Restoring the weights of a model
    """
    self.saver.restore(self.sess, "%s.ckpt" % filename)
    print("Model restored from file")
```

set_weights 方法和 target_model_update 方法一起用 Q 网络的权重来更新目标 Q 网络。set_weights 是一个通用的、可重用的方法，也可以用于其他解决方案。这两个域的命名不同，因此很容易从可训练变量列表中枚举每个网络的变量。通过枚举，当前会话将对变量执行赋值：

```
def set_weights(self, model_1, model_2):
    """
```

```
    Replicates the model parameters of one
    estimator to another.
    model_1: Estimator to copy the parameters from
    model_2: Estimator to copy the parameters to
    """
    # Enumerating and sorting the parameters
    # of the two models
    model_1_params = [t for t in tf.trainable_variables() \
                        if t.name.startswith(model_1.scope)]
    model_2_params = [t for t in tf.trainable_variables() \
                        if t.name.startswith(model_2.scope)]
    model_1_params = sorted(model_1_params,
                            key=lambda x: x.name)
    model_2_params = sorted(model_2_params,
                            key=lambda x: x.name)
    # Enumerating the operations to be done
    operations = [coef_2.assign(coef_1) for coef_1, coef_2 \
                    in zip(model_1_params, model_2_params)]
    # Executing the operations to be done
    self.sess.run(operations)
def target_model_update(self):
    """
    Setting the model weights to the target model's ones
    """
    self.set_weights(self.model, self.target_model)
```

act 方法是策略实现的核心，因为它将基于 epsilon 来决定当前动作是随机的还是采取尽可能好的动作。如果要采取尽可能好的动作，它会要求经过训练的 Q 网络为每个可能的下一步动作提供一个奖励估计（通过在《登月着陆器》游戏中按 4 个按钮中的一个的二进制方式表示），并返回将会获得最大预测奖励（一种贪婪的策略）的动作：

```
def act(self, s):
    """
    Having the agent act based on learned Q* function
    or by random choice (based on epsilon)
    """
    # Based on epsilon predicting or randomly
    # choosing the next action
    if np.random.rand() <= self.epsilon:
        return np.random.choice(self.nA)
    else:
        # Estimating q for all possible actions
        q = self.model.predict(self.sess, s)[0]
        # Returning the best action
```

```
        best_action = np.argmax(q)
        return best_action
```

本类的最后一个方法是 replay，这个方法很关键，它使 DQN 的学习过程成为可能，因此我们在此深入讨论它的运行原理。replay 方法所做的第一件事是从先前游戏场景的记忆（这些记忆只包含状态、动作、奖励、下一个状态的变量以及一个用于通知观察是否是最终状态的标签变量）中抽取一批样本（我们在初始化时定义了批的大小）。随机抽样使模型能够找到最优系数，以便通过缓慢地调整网络的权重，逐批地学习 Q 函数。

然后，该方法观察取样返回的状态是否为最终状态。非最终状态的奖励需要被更新，以表示在游戏结束时得到的奖励。这是用目标网络完成的——该目标网络表示上一次学习结束时固定的 Q 函数网络的快照。向目标网络提供接下来的状态，在被 gamma 因子奖励折损后，将得到的奖励与当前奖励相加。

使用当前的 Q 函数可能会导致学习过程不稳定，从而无法得到一个令人满意的 Q 函数网络。

```
def replay(self):
    # Picking up a random batch from memory
    batch = np.array(random.sample(\
            self.memory.recall_memories(), self.batch_size))
    # Retrieving the sequence of present states
    s = np.vstack(batch[:, 0])
    # Recalling the sequence of actions
    a = np.array(batch[:, 1], dtype=int)
    # Recalling the rewards
    r = np.copy(batch[:, 2])
    # Recalling the sequence of resulting states
    s_p = np.vstack(batch[:, 3])
    # Checking if the reward is relative to
    # a not terminal state
    status = np.where(batch[:, 4] == False)
    # We use the model to predict the rewards by
    # our model and the target model
    next_reward = self.model.predict(self.sess, s_p)
    final_reward = self.target_model.predict(self.sess, s_p)

    if len(status[0]) > 0:
        # Non-terminal update rule using the target model
        # If a reward is not from a terminal state,
        # the reward is just a partial one (r0)
        # We should add the remaining and obtain a
```

```
    # final reward using target predictions
    best_next_action = np.argmax(\
                    next_reward[status, :][0], axis=1)
    # adding the discounted final reward
    r[status] += np.multiply(self.gamma,
                final_reward[status, best_next_action][0])

    # We replace the expected rewards for actions
    # when dealing with observed actions and rewards
    expected_reward = self.model.predict(self.sess, s)
    expected_reward[range(self.batch_size), a] = r

    # We re-fit status against predicted/observed rewards
    self.model.fit(self.sess, s, expected_reward,
                epochs=self.epochs)
```

当非最终状态的奖励被更新时，我们将该批样本输入神经网络中并加以训练。

10.5.4 指定环境

最后一个要实现的类是环境类（Environment）。实际上，环境是由 gym 命令提供的，需要一个好的封装来使它与前面的 Agent 类一起工作。初始化时，我们用它启动《登月着陆器》游戏，并设置关键变量，如 nS、nA（状态和动作的维度）、agent 和累积奖励（通过提供最后 100 局的平均值来测试策略）：

```
class Environment:
    def __init__(self, game="LunarLander-v2"):
        # Initializing
        np.set_printoptions(precision=2)
        self.env = gym.make(game)
        self.env = wrappers.Monitor(self.env, tempfile.mkdtemp(),
                            force=True, video_callable=False)
        self.nS = self.env.observation_space.shape[0]
        self.nA = self.env.action_space.n
        self.agent = Agent(self.nS, self.nA, self.env.spec.id)

        # Cumulative reward
        self.reward_avg = deque(maxlen=100)
```

然后，编写 test、train 和 incremental（表示增量训练）方法的代码，这些方法是 learn 方法的封装。

使用增量训练需要一些技巧，以免破坏目前训练已经取得的结果。导致这个问题的原因是重新启动时，大脑有预先训练过的系数，但实际上记忆是空的（称之为冷重启）。由于智能体的记忆是空的，示例具有局限性而不能支持良好的学习，因此所提供的示例对于学习来说并不完美（这些示例大部分是相互关联的，并且局限于少数几个新的场景）。使用非常小的 epsilon（建议将其设置为最小值，即 0.01），可以降低训练被破坏的风险：通过这种方式，网络在大多数情况下只需重新学习自己的权重，因为它将为每个状态建议已知动作，性能也不会恶化，而是在记忆中有足够多的示例之前以稳定的方式起伏，并且在有足够多的示例后再次开始改进。

训练和测试方法的正确代码如下：

```
def test(self):
    self.learn(epsilon=0.0, episodes=100,
                trainable=False, incremental=False)


def train(self, epsilon=1.0, episodes=1000):
    self.learn(epsilon=epsilon, episodes=episodes,
                trainable=True, incremental=False)

def incremental(self, epsilon=0.01, episodes=100):
    self.learn(epsilon=epsilon, episodes=episodes,
                trainable=True, incremental=True)
```

Environment 类的最后一个方法是 learn，用于准备好智能体与环境交互和学习的所有步骤。该方法的输入是 epsilon 值（从而覆盖智能体先前有的任何 epsilon 值）、在环境中运行游戏的次数、是否进行训练（由一个布尔标签表示），以及训练是否从以前模型的训练继续进行（由另一个布尔标签表示）。

第一个代码块可以为近似 Q 函数加载先前训练的网络权重：

● 测试网络，看看它是如何工作的；
● 利用更多示例继续进行之前的训练。

然后，该方法深入探究了一个嵌套迭代。外部迭代由游戏运行（每次运行《登月着陆器》游戏都将进行到结束）的次数来实现，而内部迭代则经过最多 1000 步来完成一局游戏。

在迭代的每一步中，神经网络将给出下一步的动作。如果是在测试阶段，它会一直给出下一个最佳动作。如果是在训练阶段，则根据 epsilon 值，它可能不会给出最佳动作，而是建议随机移动。

```
def learn(self, epsilon=None, episodes=1000,
          trainable=True, incremental=False):
```

```
"""
Representing the interaction between the enviroment
and the learning agent
"""
# Restoring weights if required
if not trainable or (trainable and incremental):
    try:
        print("Loading weights")
        self.agent.load_weights('./weights.h5')
    except:
        print("Exception")
        trainable = True
        incremental = False
        epsilon = 1.0


# Setting epsilon
self.agent.epsilon = epsilon
# Iterating through episodes
for episode in range(episodes):
    # Initializing a new episode
    episode_reward = 0
    s = self.env.reset()
    # s is put at default values
    s = np.reshape(s, [1, self.nS])

    # Iterating through time frames
    for time_frame in range(1000):
        if not trainable:
            # If not learning, representing
            # the agent on video
            self.env.render()
        # Deciding on the next action to take
        a = self.agent.act(s)
        # Performing the action and getting feedback
        s_p, r, status, info = self.env.step(a)
        s_p = np.reshape(s_p, [1, self.nS])

        # Adding the reward to the cumulative reward
        episode_reward += r

        # Adding the overall experience to memory
        if trainable:
            self.agent.memory.add_memory(s, a, r, s_p,
                                         status)
```

```
        # Setting the new state as the current one
        s = s_p

        # Performing experience replay if memory length
        # is greater than the batch length
        if trainable:
            if len(self.agent.memory) > \
                    self.agent.batch_size:
                self.agent.replay()

        # When the episode is completed,
        # exiting this loop
        if status:
            if trainable:
                self.agent.target_model_update()
            break

    # Exploration vs exploitation
    self.agent.epsilon_update(episode)

    # Running an average of the past 100 episodes
    self.reward_avg.append(episode_reward)
    print("episode: %i score: %.2f avg_score: %.2f"
            "actions %i epsilon %.2f" % (episode,
                                    episode_reward,
                        np.average(self.reward_avg),
                                        time_frame,
                                            epsilon)

self.env.close()

if trainable:
    # Saving the weights for the future
    self.agent.save_weights('./weights.h5')
```

　　执行上述操作后，接下来要做的是收集所有信息（初始状态、选择的动作、获得的奖励和随后的状态）并保存到记忆中。在当前时间帧中，如果记忆量足够大，可以为近似 Q 函数的神经网络创建一个批次，并运行训练。当本局游戏的所有时间帧被消耗完时，当前 DQN 的权重被存储到另一个网络中，在下一局游戏中学习时，其就可以作为一个稳定的参考权重。

10.5.5　执行强化学习过程

　　在介绍完强化学习和 DQN 的所有相关内容并编写了项目的完整代码之后，我们可以使用脚本或 Jupyter Notebook 来运行它——利用将所有代码功能放在一起的 Environment 类：

```
lunar_lander = Environment(game="LunarLander-v2")
```

在实例化该类之后，我们需要运行 train 方法，从 epsilon=1.0 开始，并将目标设置为 5000 次游戏（这相当于大约 220 万个状态、行为和奖励的链式变量示例）。我们给出的实际代码设置为成功完成一个经过充分训练的 DQN 模型，考虑到 GPU 的可用性及其计算能力，运行可能需要一些时间：

```
lunar_lander.train(epsilon=1.0, episodes=5000)
```

最后，该类将完成所需的训练，并将模型保存在磁盘上（以便模型可以随时运行）。你可以用一个可以在 Shell 上运行的简单命令来检查 TensorBoard：

```
tensorboard --logdir=./experiments --port 6006
```

训练示意图将出现在浏览器上，并且你可以在本地地址 localhost:6006 上查看它们，训练中的损失情况如图 10-3 所示，峰值代表学习中的突破，例如在 80 万示例时，着陆舱开始安全地降落在地面上。

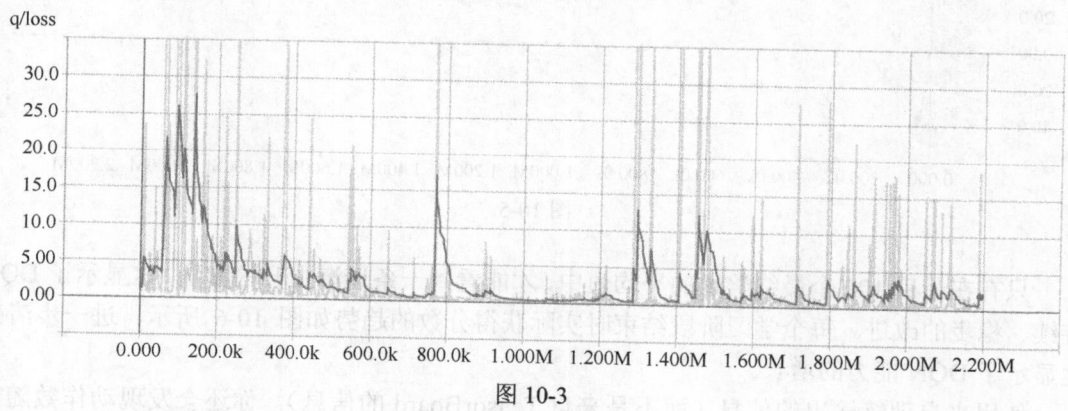

图 10-3

与其他项目不同的是，在图 10-3 中，优化的过程仍然是损失逐渐减少，但在这一过程中出现了许多峰值和问题：这里显示的图是运行该项目一次的结果。由于训练过程有随机因素，因此在自己的计算机上运行该项目时，可能会得到稍有不同的结果，单批学习过程中最大 q 值的变化趋势如图 10-4 所示。

最大预测 q 值和平均预测 q 值说明了同样的情况。网络在最后有所改进，尽管它可以稍微回溯一点，并在更优值上停留很长一段时间，单批学习过程中平均 q 值变化趋势如图 10-5 所示。

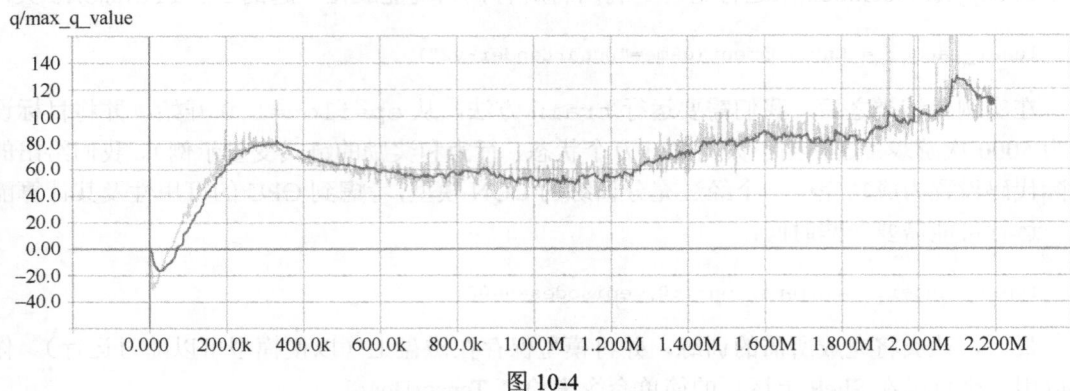

图 10-4

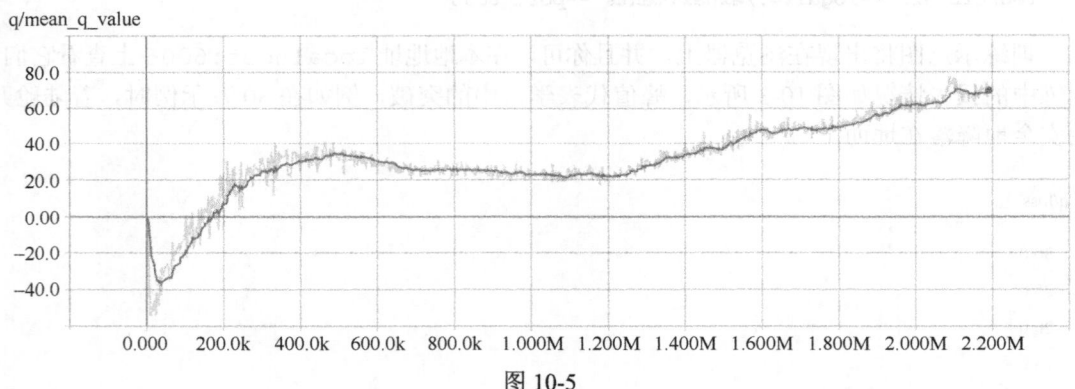

图 10-5

　　只有在最后 100 个最终奖励的平均值中，才能看到一条逐渐上升的曲线，这显示了 DQN 持续、稳步的改进。每个学习阶段结束时实际获得分数的趋势如图 10-6 所示，进一步清楚地显示了 DQN 能力的增长。

　　使用来自训练输出的信息（而不是来自 TensorBoard 的信息），你还会发现动作数随着 epsilon 的变化而变化。起初，完成一局游戏所需的平均动作数少于 200 次。当 epsilon 为 0.5 时，平均动作数趋于稳定增长，在 750 左右达到最大值（着陆舱已经学会用火箭来抵消重力）。

　　最后，网络发现这是一个次优策略。当 epsilon 低于 0.3 时，完成一局游戏的平均动作数也会下降。在这一阶段，DQN 正在探索如何以更有效的方式成功着陆。epsilon（探索/利用率）与 DQN 效率之间的关系如图 10-7 所示，这里的"效率"是指完成一局游戏所使用的平均动作数。

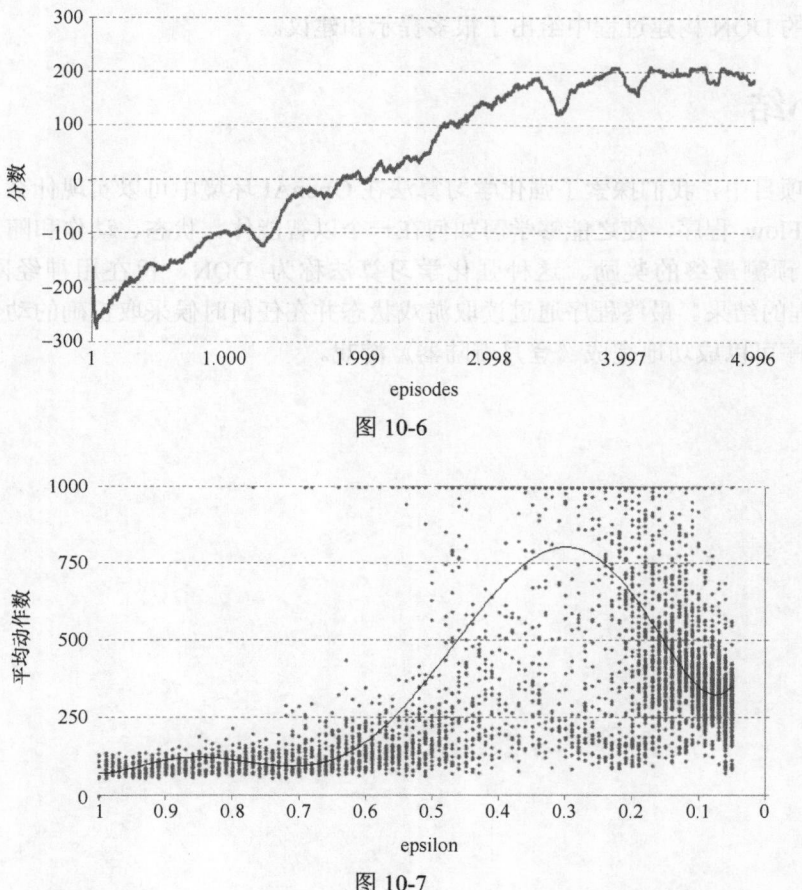

图 10-6

图 10-7

如果出于某种原因，你认为网络需要更多的示例和学习，那么可以用 incremental 方法重复学习。在这种情况下，epsilon 应该设置得非常低：

```
lunar_lander.incremental(episodes=25, epsilon=0.01)
```

训练结束后，如果需要查看结果并了解平均每 100 局游戏 DQN 的得分情况（理想的目标是分数大于等于 200），可以运行以下命令：

```
lunar_lander.test()
```

10.6 致谢

非常感谢 Peter Skvarenina，他的项目"登月着陆器Ⅱ"是本章项目的主要灵感来源，他也在本项目的 DQN 构建过程中给出了很多提示和建议。

10.7　小结

在这个项目中,我们探索了强化学习算法在 OpenAI 环境中可以实现什么,并且编写了一个 TensorFlow 程序,使之能够学习如何在一个以智能体、状态、动作和随后的奖励为特征的环境中预测最终的奖励。这种强化学习算法称为 DQN,旨在用神经网络算法近似 Bellman 方程的结果。最终程序通过读取游戏状态并在任何时候采取正确的动作,从而在训练结束后程序可以成功地完成《登月着陆器》游戏。